安保と原発

命を脅かす
二つの聖域を問う

石田雄
Takeshi ISHIDA

対談 開沼博

唯学書房

安保と原発——命を脅かす二つの聖域を問う

目次

第2章 軍事的抑止力の危うさ——殺人を命ぜられた者の体験から——077

補章　2011年9月11日に思う――世界的危機と克服への希望――

対談

開沼博×石田雄

序章

命を脅かす二つの聖域

――安保と原発

1　なぜ二つの主題を一緒に扱うのか

安保と原発とは明らかに違った主題だ。にもかかわらず、どうして、二つを一緒に扱うのか。実は最初は安保だけを扱うつもりだった。それは私が88歳を超え、軍隊生活を体験した「絶滅危惧種」ともいうべき数少ない世代の一人として、安保とそれに伴う軍事化の危うさについて、後の世代に語り継ぐ責任があると感じていたからである。

そうした動機から安保の分析を進めている間に、２０１１年3月11日の地震と津波、そしてそれによる東電福島第一原発の事故が起こり、たいへんな衝撃を受けた。そして、安保と原発が次に述べる三つの要素を共通に持っていることを強く意識させられ、安保と原発という二つの主題を一緒に扱うように計画を変えた。

この三つの要素を共通したものとみる考え方は、私の全体の分析視角にかかわっているので、ここで大づかみに述べておこう。

第一の共通点は、安保と原発が両方とも、「国益」や「国策」にかかわる重大問題であり、しかも専門知識を必要とする複雑で素人には近づきにくいものとして、「聖域❖」化され、外からの問いかけが妨げてられてきた点にある。

そして、第二の共通点は、そのような形で広く公開の場で十分に検討されることがなく、既成事実が積み重ねられた結果、基地周辺の事故・犯罪や、原発からの放射性物質の放出というような人間の生命を脅かす結果を招くに至ったことである。

さらに、第三の共通点として、そこで生命の脅威にさらされる人たちは「周辺」に位置する人たちだということがあげられる。その象徴が沖縄とフクシマであり、「周辺」に位置づけられた人たちの犠牲は、政策決定をする「中央」の人たちからは遠くの問題として、軽視されがちだ。

「聖域」を作り、外からの、あるいは下からの問いかけを拒む「中央」の権力と、その権力によって差別され、犠牲にされる「周辺」化された階層や地域の人たちとの間の構造が、安保と原発に共通しているということは、この両者が同じ構造を持った日本の近代的な発展の型から生み出されてきたことを意味する。こ

❖**聖域**
『広辞苑』によれば、「神聖な地域。犯してはならない区域。比喩的に、手を触れてはならない分野」。詳しくは第1章参照。

う考えると、この二つの主題を一緒に論じることは、単なる便宜の問題ではなくなる。つまり、当面緊急の課題とされている「復興」も、そうした構造そのものの根底からの作り直しをしないかぎり、実現できるものではない。それをせずに、急いで「復旧」しようとしても、この構造が続くかぎり、それさえも難しく、せいぜいうわべを取り繕うだけに終わってしまう。

この構造を根元から変えていく方向は後で詳しく論じることとして、ここでは安保と原発を一緒に扱うことの意味を確認した上で、私の関心の順序に従って、二つの扱い方についてのあらすじを述べることにする。

2 安保による軍事化とそれへの無関心
――軍事化を推し進める客体的要因

なぜ、安保を分析する必要があると考えたのか。それには客体的要因と主体的要因がある。客体的要因といっても、私の認識によるものであり、私自身の経験に直接根ざしたものである「主体的要因」と区別するためにつけたものだ。客体的要因とは、具体的には、冷戦下に作られた安保体制が冷戦後に変質する過程で、日本を武力紛争に巻き込む可能性を大きくする方向に向かっているという点である。そして、ここでは武力紛争に巻き込まれる可能性、あるいは武力行使の可能性を大きくする方向への変化を「軍事化」とよぶことにする。

安保体制の下にある日本が「軍事化」の傾向を示しているという場合、もう少し厳密にみようとすると、次の三つの異なった層での変化を検討する必要が出てくる。

第一の層は、条約や法律というような公式の言葉で示されるレベルである。いうまでもなく、宣戦布告が「軍事化」の極限を示す明白な宣言になるが、これを行わずに、実際の戦闘行為がなされる場合も少なくない。いずれにしても、軍事同盟という条約による関係が軍事紛争の契機になる場合が多い。

1951年に対日講和条約❖と同日に締結された旧安保条約は、ほとんど一方的に米軍駐留の継続を認めたものであったので、一応別にする。それに対して、双務性を強めた60年の改定安保条約では「極東における国際の平和及び安全の維持」を両国の共通関心とするという規定で、「極東」という範囲が国会でも議論され、限定的に解釈されていた。そして、冷戦後の96年のクリントン・橋本会談の「日米安全保障共同宣言❖——21世紀に向けての同盟」では、適用範囲を「アジア太平洋地域」として、特別の限定的解釈がなされることもなかった。

さらに、2006年のブッシュ・小泉会談では「21世紀の日米同盟」が宣言

❖対日講和条約
第二次世界大戦の終結と国交の回復について、1951年9月8日に日本と連合国諸国との間で締結された平和条約のこと。サンフランシスコで調印されたため、サンフランシスコ平和条約、サンフランシスコ講和条約などともよばれる。翌52年4月28日に発効して日本の独立が形式的には回復された。

❖日米安全保障共同宣言
1996年4月17日、橋本龍太郎首相とクリントン大統領による日米首脳会談（開催地：東京）で発表された共同宣言のこと。冷戦終結後の安全保障・同盟の変質に対応することを目的に作られた。具体的には、

され、「地域及び世界における日米協力」がうたわれ、適用範囲は全世界に及ぶことになった。この二つの宣言は、安保の「再定義」および「再々定義」といわれることもあるが、実は条約の改定に相当する変化ともいうべきである。しかし、そこでみられた適用範囲の拡大だけから、ただちに「軍事化」という方向だと判断するのは早計である。

日本では、憲法9条による制約で、国外における武力行使が禁じられていると解釈されているから、その面で「軍事化」には歯止めがかかっているともいえる。そこで、問題となるのは、安保条約と憲法との関係で、どのような政策がとられるかである。それをみるためには、個別の立法と具体的な政策執行を検討する必要がある。

まず立法としては、周辺事態法❖や一連の有事立法が武力行使の可能性を大きくしている面に注目すべきだ。また自衛隊法の改正で、市民の有事における協力義務が罰則を伴うようになった面も気になるところである。

一方、具体的な政策執行は「軍事化」の方向を示す第二の層として、検討する必要がある。安保体制の実施の面では、日米両国の外務・防衛大臣の間の協議（2＋2といわれる）が重要な意味を持つ。たとえば、2005年の2＋2の「日米同盟の未来のための変革と団結」という合意文書の中で、「世界における課題に

①日米安保条約に基づく同盟関係がアジア太平洋地域の安定にとって不可欠、②日本における米軍は約10万人の前方展開軍事要員からなる現在の兵力構成を維持、③日米安保条約の目的との調和を図りつつ、米軍の施設および区域を整理し、統合し、縮小するための必要な方策を実施する決意、等を表明した。

❖周辺事態法
「周辺事態に際して我が国の平和及び安全を確保するための措置に関する法律」の略称。日本の周辺地域で平和と安全に重要な影響を与える武力紛争などが発生した時に、日米安全保障条約を効果的に運用し、日本

対処」するための「日米共通の戦略」が取り上げられた。さらに、2＋2の下位レベルの実務者協議による防衛協力の「ガイドライン（指針）」の変化が注目される。加えて、日米合同演習での作戦協力は実際に武力紛争が起こった時の自衛隊の武力行使の可能性に大きく影響する（詳細は第2章で検討する）。

第三の層として、注目すべきなのは世論と運動という要素である。具体的には、「軍事化」を推進する力とそれに反対する力、そして無関心の部分という三者の動的な関係に注意を向ける必要がある。

まず推進する力としては、アメリカのアイゼンハワー大統領に「軍産複合体❖」と名づけられたもの、すなわち日本では軍需生産で利益をあげる産業やそれと関連した政官学領域の人たちがこれにあたる。彼らは、世論に対しては、「国家の安全保障」という主題を「聖域」化して、軍事機密の保護等の名目で公開を拒否し、批判を回避する方法を採用する。また、在野の民族主義運動は、外からの脅威を強調し、排外主義をあおることによって、「軍事化」を推進する役割を果たす。

これに対して、「軍事化」に反対する人たちは、地域の反基地などの市民運動から、国際的な軍縮・平和のためのNGOなどの活動に従事している人たちまでが含まれ、その成果は地雷禁止条約やクラスター爆弾禁止条約などにも示されて

の平和と安全に役立てるのを目的とする法律。米軍への後方支援活動を合法化し、自衛隊が日本の領土の外で活動することが可能になった。1999年成立。

❖**軍産複合体**
軍部とある産業とが結びつき、国内の産業経済に大きな影響を及ぼしている体制のこと。

はいる。しかし、全体としてみると、日本では「軍事化」の危うさを意識しない無関心層が多数を占めているのが現状である。無関心層が多いのは、1945年の敗戦から66年もの間、日本の軍事力(自衛隊)が国外で人を殺したことがないという事実によってもたらされた安心感によると考えられる。

しかし、実際には、冷戦下、アジアでは激しい戦争が繰り返された。50年代はじめの朝鮮戦争と60年代から70年代はじめにかけてのヴェトナム戦争に日本は参戦こそしなかったが、日本にある米軍基地は戦争を遂行する上で、重要な役割を果たした。加えて、ヴェトナム戦争で、米軍によって使われたナパーム弾の多くが日本で生産されたように、日本は兵器の生産や修理によって、特需といわれる大きな経済的な利益を享受した。さらに、冷戦後のイラク戦争でも、名古屋高裁「イラク派兵差止訴訟」判決❖で違憲とされたような航空自衛隊による武器・兵員の輸送が行われている。

このようにみてくると、安保体制の下で、直接殺人はしなくても、戦争へのかかわりを強めるという意味で、「軍事化」の傾向があることは否定できない。そして、それが既成事実の積み重ねという目にみえにくい変化によって強化されているため、無関心な人が多いことに強く警告したい。そこで、今は日本人による国外での殺人がなくても、武力行使への協力が強まっていることに特に注意を払

❖**名古屋高裁判決**
詳しくは第3章および参考文献(川口・大塚、2009年)を参照。

うべきだというのは、私の個人的体験に伴う厳しい反省によっている。

3　軍事化の危うさを強調する主体的要因

「軍事化」の傾向に特別の注意を払いたいと思う私個人の主体的要因は、この傾向が最初は目立たなくても、気がつかないうちに加速し、ある惰性がつくと止めることができなくなることを体験的に知っていることにある。明治以来、富国強兵❖を国是としていた日本でも、第一次世界大戦後には世界的な軍縮の風潮に影響され、1925年には「宇垣軍縮❖」といわれる職業軍人の削減も行われた。もっとも、この時整理された将校が中学校以上に配属され、「学校の兵営化」といわれる結果をもたらした。ともあれ、「軍縮」機運が強かったその当時は、軍人も公務以外で外出する時には軍服を着ないようにする傾向が強かったという。

しかし、それから20年もしないうちに、昭和恐慌の経済的困難を経て、「非常時」という呼び声で対外強硬論が強くなると、驚くほどの速さで軍事化が進められていった。私がはっきりと記憶しているのは、「国防国家」の建設が叫ばれ、「昭和維新」の名の下に、1936年に軍部によるクーデターである2・26

❖**富国強兵**
明治政府における国策の基本。これをスローガンに掲げ、殖産興業による資本主義化（富国）と、近代的軍事力の創設・増強（強兵）をめざした。

❖**宇垣軍縮**
第一次世界大戦後の世界的軍縮の影響を受け、日本でも1925（大正14）年に宇垣一成陸軍大臣により行われた陸軍の軍縮のこと。

事件が起こってからである。コラム6に書いたが、この事件直後、警視総監を命じられた父が、軍隊の襲撃に備えて、毎晩枕もとに拳銃を置いて寝るという生活の中で、私は武器恐怖症ともいうべき状態で不眠症に悩むようになった。そして、ちょっとした風邪がもとで、1年ほど絶対安静で動けない生活を送る羽目になった。

そのように虚弱で臆病だった私だが、その後数年を経ずして、日本の中国への侵略や英米との戦争を支持するようになった。それはあの戦争がアジアを欧米帝国主義から解放するためのものだという世論に影響された結果だった。こうした形の軍事化が総力戦体制を生み出し、文科系学生の徴兵猶予を廃止する「学徒出陣」で、私が軍隊に入った時、軍事化の極限がどのようなものであるかを、身をもって体験させられることになった。

私にとっては、毎日のようになぐられる「私的制裁」という物理的暴力よりも、言葉と思考を奪われることのほうがつらかった。軍隊では「軍隊内務令❖」にも示されているように、どのような命令に対しても、その是非を論じ、理由を問うことは許されなかった。そのような絶対服従の規律は、陸軍刑法で「抗命の罪」を最高死刑で罰する法的強制力を伴っていた。

命令に対して問うことを許さない軍隊では、対話によって思考を展開する可能

❖**軍隊内務令**
旧日本陸軍の典範令とよばれる指導書の一つで、軍隊において初年兵教育の最小単位となる「内務班」における行動を規定したもの。従来の軍隊内務書にかわって1943年に制定された。

性は奪われていた。言い換えれば、対話の媒体としての言葉を奪われていたということであり、言葉を媒介とする思考の可能性も失われていた。その結果、私は1945年の敗戦に際し、ポツダム宣言❖を受諾したと新聞に書かれていても、それが実際にどのような意味を持つかを部下の兵隊に説明する力を持たなかった。「断固抗戦せよ」という参謀からの命令が来ても、それが後に訂正されるまでは自分で当否を判断することができなかった。

このような極限的な状況に至る軍事化の過程は、見方によって長いとも短いともいえる。旧制中学生だった1930年代後半、図書館の本棚から次々に発売禁止になった本が姿を消し、雑誌論文の伏せ字が多くなっていくのを感じているうちに、あれよあれよという間に、何も言えない状態になってしまったからである。敗戦後、私はこのような軍事化の傾向に対して、どうして自分が無力であったのか、なぜ武器恐怖症の臆病な少年が軍国青年になったのかを明らかにするために、研究者を志した。そうして、研究者として現在まで歩んできた者として、とりわけ軍事化の危うさについて、後の世代に対して警告する責任があると感じている。それがこの本を公刊する最大の動機である。

そのような私の目からみると、戦後の日本が軍国日本とまったく違ってみえるからといって、安心することはできない。確かに今日の日本には憲法9条があり、

❖ポツダム宣言
1945年7月26日、ドイツのポツダム会談においてアメリカ、中国、イギリス(のちにソ連が参加)が日本に対して発した共同宣言。宣言は13条からなり、日本の無条件降伏や戦後処理の方針などが盛り込まれている。

日本の軍隊が外国で人を殺さなくなって、半世紀以上になる。だから、日本は軍事化と無縁な社会だと考えたら、それはたいへん危ういことだ。多くの日本人が軍事化に無関心であるのは、武力行使が米軍によって、海外の遠いところでなされているからであり、あるいはその米軍が出動する基地があり、それによって事故や犯罪の被害を受けているのが沖縄など限られた地域の人たちだからである。

加えて、無関心な人が多いのは、権力とメディアの結託により作られた世論が安保を「聖域」として守ってきた結果でもある。基地を認める安保体制は、武力による抑止によって、「国家の安全保障」という重要な機能を営んでいるという「国益」中心の論理が、言論の自由を認められているはずの戦後の日本で、問いかけを拒む役割を果たしてきたのである。

4　3・11の衝撃

このような問題を考えている時に、3・11の東日本大震災と東電福島第一原発の事故という危機に遭遇した。その中で、とりわけ原発事故の影響をみた時、安保との共通性を強く意識させられた。エネルギー資源のない日本で、経済成長を続けるという「国益」を守るためには原発が必要であり、世界一の技術を誇る日本では事故はありえないという「安全神話」をも加えた論理が「聖域」として、原発を問うことを拒んできた。そうした形で原発の危うさを問うことを許さなかった風土が、巨大な地震や津波による事故を「想定外」のものとして、事故防止策を追究することを怠らせ、経済的利益を優先させた。その帰結が今回の事故であった。

もちろん安保と原発の類似性には限界がある。どちらも生命を脅かす可能性を持っている点では共通しているが、だからといって、原発の数が増えることをただちに軍事化だということはできない。しかし、原発が当初から核兵器と強い結びつきを持っていたことも否定できない。そもそも、「原子力平和利用」の起源とされるアイゼンハワー大統領の1953年末の国連演説は、米ソの核競争の過程におけるアメリカの戦略の一つであった。これに始まる原子力の商業利用は、被爆国日本では特殊な意味を持った。とりわけ、54年ビキニ水爆実験による「死の灰」の影響で、原水爆禁止の運動が広がっている状況の中で、「毒を以て、毒を制す」手段として、「原子力の平和利用」が世論工作の上で特別の役割を果たすことになる。

55年11月から6週間、東京・日比谷公園で行われた「原子力平和利用博覧会」

はその象徴である。この博覧会は、その後全国7都市を巡回するが、その中で広島の場合が特に注目される。広島では、会場として平和公園に完成したばかりの広島平和記念資料館が使われ、その開催期間は56年5月27日から6月17日までの3週間に及んだ。これは、CIAが力を入れて計画した反原爆世論への対抗策の中心をなすものであった。日本側では、原発推進派の正力松太郎❖が社長を務める読売新聞社と日本テレビが中心となったメディアによる宣伝がこれに応じた。この「原子力平和利用」に関する宣伝が大きな影響を持ったことは、「戦争と破壊に使われた原子力を平和のための建設に」という対比の論理が、原水爆禁止運動の活動家の中にさえ、一時的だったとはいえ「平和利用」の支持者を生み出すに至ったことに示されている。

原発の増加をただちに軍事化といえないからといって、原発による「平和利用」が軍事化と無関係であるわけではない。当時は公開されなかったが、1969年の外務省「わが国の外交政策大綱」の中では、「核兵器製造の経済的・技術的ポテンシャルは常に保持する」という形で、原発が持つ潜在的軍事力に注目している。

なお、「日本の技術は優れているから、安全だ」と言ってきたが、実は当初はまったく日本の技術は関与していない。福島第一原発1号機などの場合、「フ

❖**正力松太郎**
1885（明治18）〜1969年。警察官僚、実業家、政治家。1923（大正12）年に虎ノ門事件で警視庁警務部長を引責辞任。翌24年に読売新聞の社長となる。1955年衆議院議員当選（当選5回、自民党）。初代原子力委員長として原子力利用を進めた。

ル・ターンキー（鍵を回しさえすれば、すべての設備が運転可能になるまで、一切の工事を実施する）」契約として、設計から建設まですべてをアメリカのＧＥ❖（ゼネラル・エレクトリック）に委ねたものだった。その後、次第に日本側の関与は大きくなったが、経験蓄積の不足もあり、それが原発関連領域は特別な専門知識を必要とする聖域とされる傾向も生んだ。

原発事故がただちに安保との関連を私に思い起こさせたのは、原発問題が安保と同じような、中央と周辺の関係に支えられているからである。簡潔な表現をすれば、フクシマが沖縄を思い起こさせたといってもよい。差別された周辺として、過疎や財政難に悩む地域に特別な補助金を出すことによって、基地や原発立地としての犠牲を押しつけるという構造の共通性である。

このような構造に注目するならば、安保による軍事化と原発による放射能とは、どちらも生命を脅かす危うさを含むにもかかわらず、その犠牲が周辺の特定地域に限られているので、社会の多数、とりわけ中央の政策決定者は十分注意を払わないという根源的問題に突き当たる。

❖ＧＥ
家電製品、原子炉、放送、映画、金融など広範なビジネスを手がけるアメリカの複合企業。

5　近代日本の発展の型の問い直し

ここまで考えてくると、安保と原発という二つの問題が、実は共通の基礎の上にあることは明らかになる。すなわち、そのどちらもが日本における特殊な近代的発展に根ざしているとみるべきである。福島第一原発の事故がこのような根源的な問題を気づかせる契機となったが、そこでは安保と原発の双方の根底にある発展の型そのものを変えなければ、どちらの問題も解決しない。

それでは、日本の近代的発展を特徴づけるのはどのような型であるのか。簡単にいえば、夏目漱石が「外発的開化」と名づけたものである。「西欧に追いつけ、追い越せ」という外発的契機によって、中央の厳しい管理の下に、周辺を犠牲にして無理をしながら、急いで強行された発展である。戦前は植民地や占領地を周辺として取り込み、その犠牲の上に富国強兵の政策が展開された。戦後は「強兵」を除いた形で、植民地をなくしたかわりに、国内に差別された周辺を作り出し、その犠牲の上に経済成長を急いだ。外に対しては安保体制によって、アメリカとの同盟関係の中で、軍事化の方向をたどった。

このような無理をした「外発的開化」の矛盾が、原発事故という形で一挙に露わになった。したがって、これからの復興は原発に技術的修正を加え、安全強化に努めればすむというものではない。すべての人、すべての地域が内発的な発展をすることができるように、中央からの管理ではなく、自主的発展の水平的連帯を生み出すという根本的な変革が必要となる。内においては、社会の底辺から構造の組み直しをすると同時に、外に対してはそうした自立的発展を基礎に、日米同盟による軍事化を止めて、自主的に平和な世界に向けて、主導力を発揮すべきである。このような将来に向けた新しい方向づけについては、結章において詳しく論じることにして、まず安保の分析から始めることにする。

第1章

安保はなぜ議論されないのか

——安保聖域化の歴史的分析

1　戦前の聖域から戦後の聖域へ

――裕仁天皇にとってかわるマッカーサー

◇開かれたパンドラの箱

3・11で原発に事故が起こった時、一番問題となったのは、なぜ多くの人たちが原発の「安全性神話」にとりつかれていたのかということであった。それは、「化石燃料の乏しい日本において、日本経済が国際競争力を維持するためには、原子力こそが『国益』のために不可欠だ」という要請によったものであった。このように原子力の安全性を聖域として問い直してこなかったのは、考えてみれば、安保という日米同盟で武力による抑止に頼っていることの危うさを聖域として囲い込み、問い直してこなかったのと同じである。

私がこれから問題にしたいのは、安保条約が1951年から約60年、改定から半世紀続いてきたが、それはなぜなのか、ということだ。結論からいえば、それは日本の権力者によって、「聖域＝サンクチュアリ」として利用されたからである。民主党が「普天間基地の県外移転」を一度は公約したものの、自民党政権にかわって成立した鳩山由紀夫内閣が最終的にそれを反故にして倒れ、後を継いだ菅直人内閣が自民党政権時代と同じ「辺野古移転」に回帰したのは、一度は開けてしまった聖域のフタを何とかして閉じようとしていることにほかならない。

◆聖域とは何か

本章では、聖域という言葉が鍵になるので、少しそれを説明しておきたい。『広辞苑』によると、聖域とは「神聖な地域、犯してはならない区域」とある。そして「比喩的に、手を触れてはならない分野」という意味にも用いられている。要するに、聖域とは、「よくわからないけれども、あるいはよくわからないからこそ、重要な権威を持つ領域」と考えてよいだろう。そうすると、そこには関係する二つの主体が存在することになる。すなわち、「権力者」と「被治者」だ。権力者が「聖域」を利用し、他方の「被治者」がその聖域を、「ありがたい存在」として受け入れるという構造が成り立っている。

支配者は聖域の解釈を独占して、自分の支配に都合のよいように利用する。そしてそれを「聖域」として祀り上げ、その内容に触れ(させ)ないことで神秘化させる。しかし、被治者の側も、その「聖域」が神秘性を持っていると信じている人はごく少数だ。むしろ大部分の人は「聖域を問い直そうとすると面倒が起こるから、権力者のいうことをそのまま受け取って、あえて疑問を出さないほうが得策だ」と考えている場合がほとんどである。だから、被治者が聖域に大きな問題を感じて疑問を呈したり、あるいはそれに挑戦するような事態になれば、聖域はその役割を果たさなくなる。

聖域は「討論と説得が認められない場所」として、「触れずにおくことが必要だ」と皆が了解している領域だから、その了解そのものがおかしいと言い出すと、その神秘性を維持できなくなるわけだ。つまり、民衆の側の政治的成熟度があがってくると、「聖域」の存在は危うくなる。その意味では、「聖域」は民主主義と矛盾するという関係にある。

◇国体という聖域——誰にもわからないもの

戦前において聖域とされたものに、「国体」という言葉がある。これは「万邦無比の国体」といわれたように、世界中の国と比べて日本にだけしかない、この上なく優れた国家の特性という意味であり、1930年頃から特に多く使われるようになった。公式には、37年に公刊された文部省編『国体の本義』にまとめられている。そこでは、「大日本帝国は、万世一系の天皇皇祖の神勅を奉じて永遠にこれを統治し給ふ。これ我が万古不易の国体である」として、神話にまでさかのぼる形で説明されている。つまり、その神話を信じて疑わないようにしなければ、「国体」という聖域は存続しえないのである。

つけ加えれば、「聖域」を作り出すには通常、いくつかの「お守り言葉」が用いられる。「お守り言葉」とは、「その言葉をきいたら、それ以上は詮索しない」という合図のようなものだ。たとえば現在では、「同盟」や「抑止」、あるいは「国益」という言葉がそれにあたる。

戦前では「国体」というのがお守り言葉だった。それが最も典型的に出てきたのが、1925年に制定された治安維持法第1条の「国体の変革を目的とするような結社は取り締まる」という条文である。

◆「国体＝お守り言葉」は権力者に利用される

戦前に最高の裁判所であった大審院の判例では、治安維持法違反は「大日本帝国憲法第1条及び第4条に反する行為」ということになった。第1条は「大日本帝国は万世一系の天皇之《これ》を統治す」であり、第4条は「天皇は神聖にして侵す

❖**国体の本義**
1937年に、文部省が天皇中心の国体護持の立場から編集・発行した国民教化用の出版物。

❖**万世一系**
永遠に同一の系統が続くこと。特に日本の皇室に対して使われる。

❖**治安維持法**
国体の変革、私有財産制度の否認を目的とする結社活動、個人的行為に対する罰則を定めた法律。1925（大正14）年公布。

べからず」である。しかし、これも内容がよくわからない。「万世一系というのは何なのだ」と歴史をひもといて考えてみると、「天壌無窮《てんじょうむきゅう》の神勅《しんちょく》」という神話までさかのぼってしまう。つまり、何だかよくわからないわけである。そのため、「国体」というお守り言葉は取り締まる側からすると、彼らが危険だと考える、どのような思想にも適用できた。国体の内容は細かく法律で定められているわけではない。だから、政府が「危険な思想だ」と考えたものは「国体の変革をめざすものだ」と解釈され、取り締まりの対象となった。

ところが逆に、権力に取り締まられる側がこの「国体」を利用する場合もある。すなわち、内容が不明確だから誰でも「国体を守るのだ」といって、自分の主張を正当化することができるわけだ。その典型が2・26事件❖である。1930年代のはじめから、東北の農村は娘を身売りしなければならないほどの貧困状態にあった。そうした状況を、2・26事件に連座した青年将校たちは、「あまりにひどすぎる」「こういう世の中は間違っており、それは国体に反する」と解釈した。別の言い方をすれば、「天皇の意思は別のところにあるに違いない。たまたま『君側の奸』(天皇の周りにいる悪い人間)が天皇の意思を曲げているに違いない。だから我々は国体を明らかにするために、昭和維新を実現するのだ」といって、青年将校たちは決起した。しかし天皇が珍しく、「自分の信頼する重臣を殺すの

❖**2・26事件**
1936年、陸軍の皇道派青年将校が急激な国粋主義的政治改革をめざし、部隊を率いて叛乱を起こしたクーデター事件。内大臣斎藤実、蔵相高橋是清、教育総監渡辺錠太郎らを殺害、国会議事堂や首相官邸周辺を占拠した。翌日戒厳令が公布され、その後鎮圧。

は、自分の首を絞めるのと同じ行為だ」と強い意志を示したことで、結局、青年将校たちは叛乱軍にされてしまった。

その後、軍の上層部は、一方では叛乱軍の指導者を死刑にしたが、「軍隊の中の不満を放っておくとたいへんなことになる」と理屈をつけ、この2・26事件を軍に反対する勢力を抑えることに利用して、軍の影響力を強めた。この例からわかるように、最終的には聖域のお守り言葉は、常に権力を持つ強い者に利用される。

◆裕仁天皇の戦争責任と国体の護持

敗戦の時にも似たようなことがあった。当時私は、東京湾要塞重砲兵連隊第二大隊本部の中隊長であったが、8月15日に要塞司令部のY参謀から「我々は断固、国体を守るために徹底抗戦するのだ」という命令がきた。その後しばらくして、「Y参謀の命令は誤りなり。発見次第、逮捕せよ。反抗する場合、射殺するも可なり。承詔必謹《しょうしょうひつきん》❖の精神で、整然と終戦の業務につけ」という命令がきた。天皇の詔刺《ちょうし》が出ても、徹底抗戦派が国体擁護を理由に戦闘継続を主張する。それに対して承詔必謹派は、「騒いだらまずい」ということで、皇族を各地に派遣して、「天皇の意思はここにあり」と説得して歩いた。それで結局整然と終戦業務は行われ、

❖承詔必謹
「天皇の詔勅には謹んで従う」という意味だが、敗戦直後には「8月15日に放送された勅語に従って抵抗せず武器を渡す」という政策にそった行動をすることを指す言葉として使われた。

9月2日に降伏文書に調印、9月27日にマッカーサーに対する天皇の訪問に至った。

その際に撮影された、マッカーサーと天皇がならんだ写真が新聞に発表されたが、その新聞を警察は発売禁止にした。しかしその後、警察による発売禁止命令は、GHQの意向によって取り消された。

ポツダム宣言を受諾した時から、天皇の統治権は占領軍に従属することがはっきりしていて、その写真が象徴的にそれを表していたわけである。しかし、その「統治権の移行」には心理的抵抗もあり、なかなかうまくいかない。その間、日本側としては、「国体を護持する」ために敗戦を受け入れたわけであるが、その天皇制が擁護されるかどうかは占領軍の意思にかかっているので、どう対処してよいのかわからない。それで、支配階級の一部には、「裕仁天皇は退位して皇太子を天皇にする。それで戦争責任の問題をかたづけてもらう」という考え方があったのは事実である〔▼コラム2参照〕。

◇敗戦後の裕仁天皇をめぐる処遇

当時、裕仁天皇退位で国体護持の方向に行くのか、天皇がそのまま居座るのか、という判断は支配層の中でも決まっていなかった。支配層の中にも、どういう形で聖域を守り、次の聖域に引き継いでいくのかということについて模索があった。その後、1946年1月に天皇の人間宣言❖があり、46年5月に極東軍事裁判が始まる頃には、「占領軍は天皇を戦争責任を問う極東軍事裁判から除いて、日本統治に利用する意向だ」ということが次第にわかってくる。その前に、葉山に御用邸がある関係からか、天皇が神奈川県からそろりそろりと占領軍と民衆の様子をみながら巡幸を始めた。それが本格的になるのが47年で、6月には関西へ大規模な巡幸を行った。

巡幸は、元老も含めた支配層が「天皇の存在理由を、どうしたら民衆に印象づけることができるのか」ということを考えて始めたものだっただろう。今までは、天皇は隠れていることで、その権威が維持されていた。ところが、そのまま隠れていると、お濠端《ほりばた》の第一生命ビルにいる占領軍総司令官マッカーサー（当時人々は皇居にいる天皇との対比でマッカーサーを「濠端天皇」とよぶようになっていた）に人々の関心が移ってしまうので、どうにかしなければということで巡幸が始められたものと思われる。

一方でマッカーサーも、天皇を利用したほうが円滑な占領統治には有利だと判断する。そして、47年5月には新憲法ができて天皇は象徴になり、47年7月には、天皇の「人間宣言」との関係で、「宮城遙拝、天皇陛下万歳を止める」という通

❖**人間宣言**
1946年1月1日に発布された「昭和21年年頭の詔書」のこと。この中で、昭和天皇が自らの神格を否定した。

達が文部省から出された。これは文部省が、占領政策の内容を推測したためと思われるが、戦争中に行っていた「宮城遙拝」と「天皇陛下万歳」を止めることになると、ますますもって、人々の間には「天皇とはどういう存在なのか」という疑問が出てくる。

そこで、天皇の存在理由を人々に印象づけなければならない。そのために巡幸が行われたわけだ。その巡幸の様子を、当時の雑誌『真相』が「天皇は箒《ほうき》である」という表現を使って批判した記事の中で、「天皇が行くところ、道路を直して焼け跡を整備する」と皮肉った。

もう一つ重要なことは、幣原喜重郎❖内閣の時にGHQから出された「婦人解放、労働組合の奨励、教育の民主化、秘密警察の廃止、経済の民主化」という五大改革指令に基づき、治安維持法が廃止されたことだ。それを契機に労働運動が活発になり、食糧メーデーで、「朕はたらふく食っている。汝臣民、飢えて死ね。ギョメイギョジ」などというプラカードも出てくるようになった。

そこで、こうした天皇への不平・不満を抑えるためにも、天皇は全国をまわり始めた。天皇は「あ、そう」というだけなのだが、群衆が天皇を歓迎して取り囲むという形で、意外によい反応があった。時の政権党であった社会党もそれに便乗し、大臣たちは天皇が巡幸していた関西に行き、京都選出の水谷長三郎商工大

❖幣原喜重郎
1872(明治5)~1951年。外交官、政治家。1924(大正13)年ワシントン軍縮会議全権委員を経て、戦前は4度外相を務める。敗戦後は政治家として45年10月に首相。また、49年には衆院議長に就任。

臣が天皇に会って「この内閣の政策はよい」という「お言葉」をもらうことで票を稼ぐ。つまり、人気取りのための天皇と社会党が「持ちつ持たれつ」の関係で、巡幸を行っていった。

すなわち、明らかに占領軍が最高の権力を持っているにもかかわらず、ドイツの直接統治とは違って、占領軍は日本政府を通じた間接統治を行い、国体に支えられていた統治機構がそのまま温存された。そうすると、聖域という考え方もある程度、温存され、徐々にその対象が天皇から占領軍に移っていくことになる。その際に、「聖域」に関する戦前からの連続する面と変化の面という両面が顕在化する。変化はいうまでもなく、神話的要素が失われたことであり、連続面は「無責任の体系」にみられる。

◇天皇を利用した占領軍の統治――「無責任の体系」(丸山眞男)

丸山眞男は1946年、「超国家主義の論理と心理」(岩波書店『世界』5月号)で、戦前の日本の国家体制を「無責任の体系」と述べた。それは政治的統治の責任を追及していくと、最高の権威としての天皇にまで行き着く。しかし、天皇の権威は皇祖皇宗、すなわち万世一系といわれる天皇の祖先に由来している。そうすると、結局は天照大神《あまてらすおおみかみ》❖という神話の世界にまでさかのぼらなければならなくなり、

❖**天照大神**
記・紀神話などにみえる最高神の女神。伊奘諾尊(いざなぎのみこと)が禊(みそぎ)で左目を洗った時に生まれ、高天原(たかまがはら)を統治。弟素戔嗚尊(すさのおのみこと)の乱暴に天の岩戸にこもり、国中が暗闇になったという神話を持つ。皇室の祖神。

その権威と同時に責任も無限の昔に消えてしまうことになるということである。

敗戦後も似たようなことが起きて、日本政府の統治機構は残っているが、その責任を追及していくと、結局最高権力を持っている占領軍に行き着いてしまう。そして、天皇が巡幸を始めて、民衆にみえるようになってくると、今度はマッカーサーが「濠端天皇」といわれて、民衆の前に姿を現さなくなる。どこまで意図的に計算されたかは明らかでないが、マッカーサーは毎日公邸から定時に第一生命ビルの司令部に通うだけで、民衆の前には姿をみせない。その結果、今度はらマッカーサーが神秘的な権力を持っているということになった。聖域が、天皇からマッカーサーを象徴とした占領軍へと簡単に移り変わることができたのは、占領軍が天皇の上に乗ったからである。壕端天皇は、今まで天皇が位置していた上に乗ったので、日本の対米従属性が容易に意識されない。仮に天皇制を廃止して、占領軍による直接支配にしたら、きっと大きな抵抗が起こったに違いない。その意味ではうまい統治のしかたで、天皇の実権をなくすと同時に天皇制を利用して、戦前の臣民の意識を残している多くの日本人の信頼をつなげることができた。

当時、温存された日本の支配層にしても、絶対的権力を持っていた占領軍の意思がどこにあるのか、十分に知っていたわけではない。ましてや、普通の被治者にとってみれば、それは知るすべのない領域であった。その意味で、濠端天皇のマッカーサーを頂点とする占領軍は、全体として聖域をなしていた。

その後、朝鮮戦争中の1951年、マッカーサーは中国への攻撃を主張したことで、当時大統領であったトルーマンから罷免される。マッカーサーがGHQ最高司令官だった時には、日本人から「拝啓　マッカーサー元帥様」という手紙がたくさん届いた。その中にはもちろん中傷やゴマすりもあっただろうが、マッカーサーが罷免されて、アメリカに飛び立つという時には、かつての天皇と同じような、膨大な数の見送りが沿道に出た。そういう情緒的な崇拝の対象を必要とする心理的基盤が当時の日本社会には残っており、それが天皇からマッカーサーに引き継がれていた。

トルーマンからマッカーサーが罷免されたことで、権力ははるか海の向こうのワシントンDCにあったのだということが明らかになった。しかし、当時、ワシントンDCは物理的に遠いだけでなく、心理的にも非常に遠く、日本の普通の人々には容易に理解することができない。そこでいつの間にか、戦前の天皇制のような神話としての時間的な無限軸ではなく、空間的に限りなく遠く思われるアメリカが聖域になった。

つまり、アメリカが実力からみて世界帝国であるという事実を前提として、その国家意思と思われるものには触れることができないという形で聖域にしてしまう。しかし、実際にはアメリカの政策は決して動かないものではなく、世界の多様な要素に対する対応で決まってくる。その中には、日本の政府や民衆の態度というものも含まれているのだが、その点を考えない。すなわち、はじめから動かせないものと決めてかかるという形で、聖域が作られた。

❖マッカーサーからの距離で権力の大きさが決まる

権力の大きさは聖域からの距離で決まる。すなわち、国体を聖域としていた時は天皇への距離によって権力の大きさが決まっていたのに対して、占領軍が聖域になると、今度はマッカーサーへの距離によって権力の大きさが決まっていく。占領下、4年余にわたり首相となり、1951年講和条約に調印した吉田茂❖は当時、マッカーサーに直接会える日本の中でも極めて限られた人間だった。そのため、「臣茂」と書いて天皇に従順な態度をみせていたが、実はマッカーサーに会えるということで、その権力が支えられていた。

また、天皇は1947年の関西を皮切りに大規模な巡幸を始めたが、それは吉田茂の自由党にかわり議会で第一党になった社会党の片山哲❖内閣時代のことである。吉田内閣の段階では、天皇巡幸の具体策は宮内庁など天皇周辺の人たちが彼らなりの計算で行っていて、政府の思惑とは直接関係がなかったようであった。

❖**吉田茂**
1878(明治11)〜1967年。外交官、政治家。戦前は、外務省に勤務、駐英大使などを務める。戦後は、東久邇(ひがしくに)・幣原(しではら)両内閣の外相となる。1946年には第一次吉田内閣を組閣。以後5回の政権で、占領から講和・独立までの戦後日本復興の枠組を作った。

❖**片山哲**
1887(明治20)〜1978年。弁護士、政治家。戦前は、弁護士として日本労働総同盟などの法律顧問を務める。社会民衆党の結成に参加。1920年に衆議院議員当選(以後、当選10回)。1945年に社会党結成に加わり、翌年委員

ところが、先にも述べたが、片山内閣になると天皇の巡幸を政府が利用しようという動きが顕在化した。これは、吉田はマッカーサーに会えるが、片山内閣の外務大臣である芦田均は、吉田ほどマッカーサーと近しい関係にない。だから片山内閣は、天皇の権威を利用して権力を補強しようという、時代錯誤的なことを行った。

長。47年初の社会党首班内閣を組織。

◇「国体＝聖域」から「星条旗＝聖域」へ

少し脱線したが、前記エピソードは、天皇から濠端天皇に権威が移ることによって、権力者が担ぎ出す相手も、天皇から濠端天皇に変わったという、一つの典型例である。

これもまた余談だが、敗戦前の都電（東京都の市内電車）では、宮城前を走る際に「ただいま、宮城前を通過します。皆様、御遙拝ください」とアナウンスして、乗客は皆、お辞儀をしていた。ところが、敗戦後、都電はとても混んでいて、お辞儀などができる空間もない。それどころか、あまり混んでいて運転席にまで乗客が入る。そこで、都電では、運転席の後ろに「進駐軍の命により、運転席立ち入り禁止」という標示を出し、今度は進駐軍の権威を借りて運転席を守ろうとした。

当時の一般国民は、最高の権力を持った占領軍の意思を知るすべを持っていなかった。確かに、幣原内閣の時には五大改革指令があったが、しかしそれは基本原則であって、それをどう解釈し、執行していくかは表向き日本政府に委ねられていた。

しかし、実は一般国民と同様に日本政府も、個別にGHQの担当者にきかなければ具体的な政策を何ら実行することはできない状態にあった。そこで、「誰が占領政策の意思を解釈するのか」という聖域の問題が、ここでもまた顕在化してきた。一般的によく使われる「親方日の丸」という言葉は、誰にも反対のできない権威を借りて影響力を行使するやり方のことを意味するが、占領下の日本政府は「親方星条旗」、つまり聖域としての占領軍の意思を付度《そんたく》し、その権威を後ろ盾にすることで、日本を支配していたということになる。

少し先のことまでいってしまえば、占領中は占領軍の絶対的権威が聖域だったが、1951年にサンフランシスコ講和条約を結び、日本が形式上独立国家になると、今度は、建前としては日本は主権国家になったが、しかし現実にはアメリカに従属しているという二重構造を持つようになった。そして、それに付随して聖域の意味も変化した。

この聖域の変化を、「積極的聖域」から「消極的聖域」への変化として理解しておこう。つまり、名実ともに最高権力を持っている「占領軍」という聖域から、講和後には「建前は独立国家だが、安保条約と密約による対米従属の面に触れるわけにはいかない」という意味の消極的聖域に変わった。このようにして聖域は続いていった。それは日本の従属性が続いていったからだということになる。

2 人々はなぜマッカーサーの支配を受け入れたか

◇「非軍事化」「民主化」に象徴される初期占領政策

敗戦後の日本は、占領軍という絶対的権力によって支配された。ところが多くの日本人が、必ずしもそれを強く意識しなかった。それはなぜか。

初期占領政策は、日本の非軍事化と民主化を中心に展開された。具体的には、一方で超国家主義・軍国主義者の追放と財閥解体があり、他方で労働組合結成の奨励、農地改革、教育の民主化があった。そして、その政策は軍国主義政策に長年苦しめられていた国民に安堵感を与えた。「欲しがりません、勝つまでは」とがまんさせられていた戦中に比べ、戦後は食べるものはないが、好き勝手なことをいえる。天皇のことを批判もできるし、デモに参加することもできるので、国民は非常に解放感を感じたわけだ。

　特に、ＧＨＱの中のニューディーラー❖の人たちが労働組合を中心とする大衆運動を鼓舞していたのはまぎれもない事実である。吉田茂をはじめとする保守勢力は改革をサボタージュしていたのに対し、占領軍は政府の尻をたたいて改革を進めさせるというイメージが、１９４７年２月１日のＧＨＱによるゼネスト中止命令❖までは一般的だった。

　もちろん、占領という力による民主化は自己矛盾であり、実際には占領軍を批判する言論は取り締まりの対象となった。しかしＧＨＱは、戦前の日本のように検閲の時に「××」という伏せ字を使うようなことはせずに、不適当な言論については根こそぎ文章を削除してしまうので、検閲のあったこと自体が一般の国民にはわからなかった。

❖民主化と帝国主義の狭間で――吹き荒れるマッカーシズム

　しかし、先にも述べたとおり、47年2月1日のＧＨＱによるゼネスト中止命令以降、占領軍による日本の占領政策は大きく転換することとなる。

　すなわち、２・１スト以後、占領当局の労働運動に対する抑圧方針が明確になり、たとえば東宝争議の時には戦車まで出てきて、「来ないのは軍艦だけ」とい

❖**ニューディーラー**
占領初期にＧＨＱの中にいた改革派で、大恐慌後のアメリカでルーズベルト大統領が行ったニューディール政策にならい戦後改革を行おうとした人たち。やがて保守派によって排除された。

❖**ゼネスト中止命令**
１９４７年2月1日の実施を計画されたゼネラル・ストライキ（２・１スト）に対し、決行直前に連合国軍最高司令官ダグラス・マッカーサーによって出された中止指令のこと。

われたような弾圧が始まった。そしてGHQからニューディーラーが追放され、その政策転換は決定的となった。それは、48年1月6日ロイヤル陸軍長官が「日本を反共の防波堤にする」という方針を明らかにしたことや、48年10月7日にアメリカの国家安全保障会議で、「日本を冷戦の基地にする」という方針が定められたことなどを背景にしている。

特に49年に中華人民共和国が成立すると、アメリカでは「中国を失った責任は誰にあるのか」という責任論が顕在化し、中国研究者に対する攻撃をはじめとして、多少とも左翼と疑われる言論に対するマッカーシズム❖の広範な嵐が起こってくる。それと並行して、日本においても、軍国主義者の追放を解除して、共産主義者を追放するという逆コースが始まることとなる。

こうした状況を受け、日本共産党は、アメリカを解放軍とする規定からアメリカを帝国主義とする規定にその方針を転換し、アメリカ帝国主義に対する民族独立を主張するようになる。そして、大衆運動の中心だった共産党は、大衆運動から武力闘争へと力点を移して地下に潜っていくこととなった。

そうした中で、市民は、警察予備隊❖の創設による米軍の補助など、対米従属化への傾向を強める日本政府の政策に対して、これをどう理解していいのか見通しが立たない非常に困難な状況に陥った。特に、米軍を解放軍だといっていた共産

❖**マッカーシズム**
アメリカの共和党上院議員J・R・マッカーシーを中心に行われた反共運動。1950年から共産主義者に対する過激かつ狂信的な攻撃・追放が行われたが、54年マッカーシーが上院の査問決議で失脚するとともに衰退。

❖**警察予備隊**
1950年に、日本の治安維持と防衛のためGHQの指令により設置された武装組織。52年に保安隊（現在の陸上自衛隊）に改組された。

党は、一転して「アメリカ帝国主義打倒」という方向に方針を切り変えたわけで、この対応の変化を市民はどう考えてよいのかわからなくなってしまった。49年の総選挙の時、私が台東区で調査をしている際に、共産党の野坂参三がトラックに乗って演説に来た場面に遭遇した。その時野坂は、そろいの赤いベレー帽を被った若い女性たちに囲まれており、「愛される共産党」の主唱者としての野坂には高い人気があると私には強く感じられた。

しかし、その直後の50年、共産党がコミンフォルム❖から「平和革命」路線を批判され、方針を武装闘争路線に転換すると、「共産党は恐いもの」という戦前からの大衆意識の復活がみられるようになる。

このような状況を考えるにあたり、当時の私個人の考え方をいえば、新憲法は大賛成であり、占領軍によって始められた民主化政策に対しても大賛成であった。しかし一方で、民主主義の原則からして、マッカーシズムのような帝国主義強化に反対していくにはどうすればよいのか、という問題に頭を悩ましていた。

当時私は、丸山眞男の指導の下にマックス・ウェーバーを読んでいたが、『プロテスタンティズムの倫理と資本主義の精神』の中で、ベンジャミン・フランクリン❖が大塚久雄❖のいう「近代的人間類型」の象徴として扱われているのに印象を受けた。そうすると、ベンジャミン・フランクリンのアメリカとマッカーシズム

❖コミンフォルム
共産党・労働者党情報局。ソ連をはじめとするヨーロッパ9カ国の共産党が1947年に設立した情報交換、活動調整のための連絡機関。ソ連共産党の指導下にあったが、スターリンの死後、スターリン批判を受けて56年に解散。

❖ベンジャミン・フランクリン
1706〜1790年。アメリカの政治家、著述家、科学者。アメリカ独立宣言起草委員、フランス駐在大使を務め、憲法制定会議にも出席した。

❖大塚久雄
1907(明治40)〜1996年。東京大学名誉教授、経済史学者。ウェーバー

のアメリカをどう脈絡づけるかについて、うまく説明してくれる人がなかなか見当たらない。ましてアメリカが当初進めていた民主化の原則で、マッカーシズムを批判するのはどうしたらいいのだろうかということが難しい問題だった［▼コラム5参照］。

◇隠された沖縄／朝鮮／台湾の問題

アメリカによる支配が、占領という面の聖域化を含んでいたということは、日本本土の間接統治についていわれる以上に、沖縄について一層強くみられる。本土では間接統治で明らかに意識されなかった占領の問題が沖縄ではいやでも意識されざるをえなかった。本土の人たちは沖縄のそのような状態に十分注意を払うことはなかった。

アメリカは沖縄戦後、占領している沖縄を日本統治から切り離して、軍事支配することを決めていた。また、1945年12月の衆議院議員選挙法改正によって、婦人参政権が実現したが、その改正で沖縄が日本政府の統治から外され、米軍の軍政下となったために、旧植民地出身者と沖縄県民はともに参政権を奪われることになった。

このように、占領政策の初期からアメリカは、沖縄を米軍の極東戦略の専属基

とマルクスの影響を受け、「株式会社発生史論」「近代欧洲経済史序説」で比較経済史研究を確立。「大塚史学」とよばれ、戦後の社会科学に大きな影響を与えた。著作に『近代資本主義の系譜』『共同体の基礎理論』など。

地にしようと決めていたため、日本本土ではニューディーラーによる民主化が進展したにもかかわらず、沖縄はその流れから取り残されることになった。しかし本土では、ほとんどの人はそのことに気づかないまま、9条を中心とする新憲法体制を歓迎したのである［▼コラム16参照］。

もう一つの問題は、日本の植民地だった台湾、朝鮮の問題が占領軍の手によって、日本から切り離されたことである。その結果、両方とも、冷戦の最前線の位置を押しつけられて、そこにまた矛盾が集中することになる。

しかし残念ながら当時、私はそのことに気がついてはいなかった。そして敗戦から17年もたった1962年になって、はじめてそのことに気づかされることとなった。すなわち、たまたまウィーン市主催のヨーロッパ討論集会に招かれた時に、西ベルリンにも立ち寄ったのだが、そこには厳然たる冷戦の最前線があった。街の中には戦車が走り回り、政治的にも日本などとは比べられないほど、反共意識が強く緊張している。私は「ああそうか。冷戦の第一線とはこういうものか」とはじめて気づいた。そして、朝鮮半島に冷戦の最前線の位置を押しつけていることを強く意識した。

結局、日本国憲法を審議する国会の場には、沖縄の人も旧植民地の人もいない。したがって、彼らの声をきくこともなく、米軍の軍事基地を沖縄に、冷戦の最前線を朝鮮半島にしわよせした形で、本土の国民は新たに制定された憲法の平和主義を礼賛していたのである。

3 朝鮮戦争と従属的再軍備の既成事実化

◇「冷戦下の占領」も聖域に

冷戦状況が激化する中で、1950年に朝鮮半島で軍事衝突が起きた。その直後、日本でも、こうした冷戦への対応を前提にGHQから7万5000人の警察予備隊の創設が命じられ、米軍に従属する形で日本の再軍備が始まった。つまり、日本では冷戦を大前提としたアメリカによる占領状態が続いているにもかかわらず、この冷戦下の占領を「聖域」として、多くの人は徹底的に議論したり問題提起をしたりはしなかったというのが、この時期の特徴である。

こうした状況は、いわゆる「朝鮮特需❖」のように、冷戦を利用することで日本の経済再建を進めるのが得策だという現実的配慮に支えられていた。

隣の朝鮮半島では激しい戦闘が行われているさなか、日本国内でも警察予備隊の創設だけでなく、兵站・運輸・兵器修理など米軍に対するさまざまな後方支援

❖**朝鮮特需**
朝鮮戦争に関連し、在日米軍が日本国内で調達した物資・役務の需要のこと。日本経済復興の大きな要因をなした。

活動が行われていた。その面をみるだけでも、日本の対米従属性は歴然としたものであったが、しかしその多くが広く報道されなかったという事情も手伝い、多くの人の関心は軍事的従属化の進行よりも、経済復興に集まっていった。

このように、日本によるアメリカへの戦争支援はヴェトナム戦争まで続くこととなるが、いずれも日本の経済的利益が大きかったために、それが日本の軍事的従属化に対する関心を覆い隠してしまったという面がある。経済面での復興が人々の関心の多くを占めていたため、「朝鮮特需で助かった」という意識を作り出した。

いずれにしても、日本の冷戦下におけるアメリカの軍事占領への従属は、動かしがたい前提だと考える多くの人々にとって、冷戦・占領というのは聖域に属し、問うことを許されないものと受け止められていた。

4 積極的聖域から消極的聖域への移行
——サンフランシスコ講和条約と日米安全保障条約

◇講和条約の持つ意味

米軍の占領当局が日本を民主化するという初期占領政策の原則から離れて、冷戦下で日本の従属的な軍事化を進めるという大きな動きは、さまざまな反対運動を巻き起こした。

1950年1月15日には、35人の知識人による平和問題談話会❖が全面講和を主張した。また、その直後の51年3月に開かれた総評❖第二回大会では、「再軍備に反対して、中立を堅持し、軍事基地の提供に反対し、全面講和の実現によって、日本の平和を守り、独立を達成するためにたたかう」という、いわゆる平和四原則の方針を決定した。

戦争の記憶がなお多くの国民に強く残っていた当時としては、平和こそが自分たちの生活のために最も大切だという考え方が一般的だった。50年、占領当局と保守勢力の後ろ盾で反共労働運動のために組織化された総評が、占領当局の意向から全面的に離反し、平和四原則を採択したことについて、「ニワトリがアヒルになった（ケッコー、ケッコーから、ガーガーと反対する）」といわれた。そうした方針の転換は、大衆運動の中にあった平和意識に突き動かされた結果であった。

しかし他方では、経団連など財界8団体は、51年1月に講和準備のために来日したダレス特使に要望書を出し、基地への米軍駐留の継続と日本の防衛、それから両国間の経済協定の締結と日本の再軍備などを要請している。敗戦に際しても、戦時補償を受け取って生き残った財界人にとっては、「防衛生産」といわれる軍

❖**平和問題談話会**
雑誌『世界』の執筆者たちを中心とした知識人の集団で独自の研究会を持ち、1950年1月15日の平和に関する声明をはじめとして、50年12月号『世界』に載せられた「三たび平和について」などの意見表明で知識人の間に影響力を持った。

❖**総評**
1950年7月、産別会議・全労連に対抗し、組合主義の立場で結成された労働組合の全国的中央組織。その後戦闘性を強め、労働運動の中心的存在となった。1989年、連合の発足により解散。

需に大きな魅力があったと想像される。朝鮮特需といわれるものが、経済復興の契機となったことの影響もあったものと思われる。

こうした対抗の中で、51年6月8日、サンフランシスコにおいて講和条約が調印され、日本は形式的には独立国になった。しかし、日本が最も長い間侵略していた中国をはじめとする社会主義諸国を含んだ全面講和ではなく、片面講和❖であった。それはとりもなおさず、日本が冷戦状況の中で、一方の陣営に加担することを意味するものであった。

◇独立と表裏一体の「対米従属」

講和条約には野党代表の一部を含む6人が署名していたが、講和条約と同日に締結された日米安全保障条約には、時の首相である吉田茂一人だけが署名した。これ以降、日本は、サンフランシスコ講和条約により独立したということを建前に、安保に象徴される対米従属という側面は、なるべく人々の注意をひかないようにするという消極的聖域になっていく。

しかし、その安保条約は世界史的にみても、異常なまでに従属的なものだった。単に「駐留を継続する」という規定しかなく、そこには期限もなければ制限もない。そして、内乱条項を含む❖など、日本にとっては非常に屈辱的なものであり、

❖**片面講和**
サンフランシスコ講和条約は、1951年9月、サンフランシスコで52カ国の参加のもとに開催されたが、社会主義陣営のソ連・ポーランド・チェコスロバキアを除く連合国48カ国と日本とによって調印されたため「片面講和」または「単独講和」とよばれた。

❖**内乱条項を含む**
1951年9月8日署名、52年4月28日発効の「日本国とアメリカ合衆国との間の安全保障条約」第1条の後半部分には「外部の国による教唆又は干渉によって引き起された日本国における大規模の内乱及び騒じょうを鎮圧するため日本国政府の明示の要請に応じて与

講和条約のために、やむなく署名したというものだった。

特に、その条約のもとに行政協定❖が作られてから、その運用は著しく不平等なものであることが、いよいよ明らかになる。条文上は米兵が公務外で起こした犯罪については、日本側が刑事裁判権を持つことになっていたが、１９５３年10月の日米合同委員会で、日本代表は「日本にとって、実質的に重要ではない案件について、米兵らに対する第一次裁判権を行使しない」という見解に合意している。事実、アメリカ側の公文書によれば、53～55年の間、日本側が米兵事件の第一次裁判権の大半を放棄していることが記されている（豊田、２００９年、3頁）。

さらに、日本にはアメリカに基地を提供する義務はあるが、アメリカが日本を防衛する義務については何ら書かれておらず、そうした側面でもその不平等さは顕著だった。

このような不平等で対米従属的な安保に対し、さまざまな形での反対が起こってくることとなる。

えられる援助を含めて、外部からの武力攻撃に対する日本国の安全に寄与するために〔米軍を〕使用することができる」と規定されている。

❖**行政協定**
政府がその固有の権限に属する事項、または条約・国内法により認められた事項について外国と締結する協定。議会による承認を必要としない。

◆積極的聖域から消極的聖域への移行

ここで、「積極的聖域から消極的聖域への移行」という論点を、もう一度整理したい。すなわち、講和—独立以前は、日本を統治していたアメリカ占領軍が積極的聖域をなしていたのに対比し、講和独立以後は、日本の対米従属を体現している安保体制が消極的聖域となった。

積極的聖域は、法的にも実力的にも、アメリカが絶対的な力を持っており、日本側ではアメリカの政策の方針についての解釈を自分でできないという意味で、アメリカ占領軍は聖域をなしていた。これが積極的聖域の意味である。つまり、アメリカの占領初期から、占領の中期にいたるまでは、占領政策の内容の面でも非軍事化・民主化という原則があり、またそれに基づく指令があり、その指令に基づく日本の政治があったわけだ。ところが50年の再軍備の指令あたりから、それまで占領政策の中心であった非軍事化・民主化の原則と、最高実力者としての占領軍の実際の政策がずれてくる。すなわちアメリカは、自分たちの方針に沿って作った憲法の理念に反する再軍備を命じるという、矛盾に満ちた政策を日本に押しつけた。このことによって、「憲法」という価値的な建前と、「再軍備」という政策との齟齬が顕在化してきたわけだ。そして、それが矛盾しているにもかかわらず、講和による形式的独立後も日本側はそれを追及できない。そういう意味で、消極的聖域への変化が起こっていたということをみておく必要がある。

5　対米従属の顕在化と盛り上がる反対運動

◇不平等条約としての安保――行政協定とジラード事件

消極的聖域は聖域一般がそうであるように、民主的な挑戦を受ければ、その聖域の存在自体が危うくなるという傾向を持っている。まさに旧安保条約に対する闘いは、その行政協定のもとでの不平等に対する抵抗運動であった。

いくつかの例をあげてみよう。1953年から内灘の試射場での反対運動、55年から砂川の基地拡張に対する反対運動が起こり、そして、そのほかにも、妙義の基地や百里基地❖の問題などがあった。その中で特に、異常なまでの対米従属性を明らかな形で示したのが、いわゆる「ジラード事件❖」である。これは57年1月に、群馬県相馬村の相馬ヶ原演習場において、薬莢を拾って生活の足しにしていた女性がジラードという名前の米兵に射殺された事件だ。それに対して、前橋地裁は懲役3年執行猶予4年の判決を下したが、ジラードはその年の12月には帰国してしまったのである。

❖百里基地
茨城県小美玉市にある、航空自衛隊および在日アメリカ空軍機が利用する軍事空港のこと。

❖ジラード事件
1957年、在日米軍相馬ヶ原演習場（当時群馬県群馬郡相馬村所在、現在は陸上自衛隊演習場）において、米陸軍三等特技下士官のウィリアム・S・ジラード（21歳）が、空薬莢を拾っていた坂井なか（46歳）をライフル銃で射殺した事件。前橋地方裁判所は傷害致死罪で懲役3年、執行猶予4年の判決を出した。検察側は控訴せずと決定、被告は帰米。

◇内灘闘争と砂川闘争、そして北富士闘争

この時期における基地反対闘争として、典型的な二つの例を対比してみていくことにする。まず、私自身も何度か調査を行った内灘の例である。内灘は石川県の漁村であり、ここの海岸に米軍は試射場を作ろうと計画した。内灘闘争は、この米軍の試射場建設に対する反対闘争である。北陸鉄道労働組合が砲弾の輸送を拒否、そして総評がそれを全面的に支持した。総評関係の知識人であった清水幾太郎❖もたびたび現地を訪れて、応援演説を行った［▼コラム13参照］。

ところが、その漁村における村落共同体は、外部からの支援に非常な違和感を持っていた。そこで、村長を中心に愛村同志会が作られ、総評が取り組んでいる「試射場反対運動」に反対した。そして、「愛村は愛国に通じる。愛国は日本を守るためなので、試射場も受け入れる」という論理が主張され、結局この反対闘争は敗北に終わった。

それと対照をなすのが、砂川闘争である。これは、米軍の立川基地拡張に対する反対運動であった。砂川は立川市の北側の村（現在立川市）で、首都圏の近郊農村であり、まずは農民が共同体をあげて反対する。そして、砂川は農民と労働者との混住地帯であることから、労働者の支援も受け入れる。そして、首都からも近いので、学生集団も現地に入っていく。こうして、組織労働者、学生集団、地

❖**清水幾太郎**
1907（明治40）～1988年。社会学者、思想家。戦前、「読売新聞」論説委員などを経て、戦後は学習院大教授。講和問題、基地反対闘争、60年安保闘争の理論的指導者となる。安保後は「現代思想」「倫理学ノート」で近代化論を展開、新しいナショナリズムを唱えた。

域共同体の三者が協力して、1955〜56年の間、非常に激しい闘争を行った。その結果、闘争は見事な成果をあげて、立川基地の拡張を阻止することができた。これが基地反対の運動に非常に大きな勢いをつける契機になった。

さらに砂川では、さまざまな裁判闘争を行い、59年には、「駐留軍の存在は違憲である」という判決を引き出した、いわゆる伊達判決❖を勝ち取るまでに至った。

このほかにも、北富士演習場における「入会地❖」をめぐる反基地闘争も積極的に闘われた。すなわち、北富士では米軍が入会地を演習場として使ったので、入会権を侵すということで、闘争が続いていた。60年には女性による非暴力直接行動の母体となる忍草母の会ができた。女性だけで組織された忍草母の会は、非暴力直接行動をもって着弾地に座り込む、という戦術で闘争を続けた。この闘争は伝統的な村落共同体の連帯感を引き継いだものであったが、彼女たちの「憲法」第1条に「絶対に権力に頭を下げないこと。警察に逮捕された時、口を割らないこと。代議士などにもらい下げを頼まないこと」と定め、明らかに誓約集団を作ったことが注目に値する。

思わず先の時代まで話が及んだが、もう一度50年代に戻ってみると、講和後安保体制を消極的聖域としておこうとする方向は、現実の反基地・反演習地闘争で困難になってきた。すなわち、「反基地闘争」という市民からの抵抗が顕在化し、

❖伊達判決
1959年3月30日、東京地裁において伊達秋雄裁判長が、安保条約に基づく米軍駐留は違憲であり刑事特別法は無効、砂川事件は無罪とした判決のこと。同年4月3日に検察側は最高裁へ跳躍上告。

❖入会地
入会権（一定の山林原野または漁場に対して、特定地域に居住する住民が、平等に利用、収益しうる慣習法上の権利）が設定されている山林原野または漁場。

アメリカ側には思うようにはいかないというらだちがあった。だからこそ、いつまでも聖域としてフタをしておくわけにはいかないという、安保改定に応じる条件が生まれてきた。

◇伊達判決とアメリカの内政干渉

安保改定に至る前のアメリカ側のあせりについて、最近アメリカで公にされた資料によれば、1959年3月30日東京地裁で「外国軍隊の駐留は違憲である」という伊達判決が出ると、ただちにアメリカのマッカーサー駐日大使が藤山外務大臣に至急に対処するよう示唆した。政府はそれに応じ、高裁を経ずに最高裁に跳躍上告をするように配慮した。その後、今度はマッカーサー大使は田中耕太郎最高裁長官と面会し、密談をしたことが資料から明らかにされた。8月10日に最高裁は、東京地裁の判決をひっくり返して差し戻した。

◇原水爆禁止運動の始まり

また、直接安保には関係ないが、アメリカの世界戦略に対して一つの大きな問題を投げかけたのが1954年のビキニにおける水爆実験だ。死の灰による死者を出して、放射能汚染でマグロも食べられなくなるといわれた。その結果、全国的な原水爆禁止運動が展開されて、55年には第一回の原水爆禁止世界大会を開催するまでになった。

原爆反対の運動は、実は最終的には核抑止に依存する安保体制の問い直しと関係したものであった。しかしその点の関連は運動の中で十分討議されることはなく、むしろ党派による系列化をめぐる対立から、やがて分裂するに至る。

◇日本の再軍備と池田・ロバートソン会談――従属的愛国という問題

基地問題が、日本の対米従属の一つの象徴であるとすれば、もう一つの側面としては、再軍備に関する問題がある。1950年3月に設立された警察予備隊は、52年7月には保安隊になり、人員も7万5000人から11万人に増員された。さらに54年6月には、陸・海・空軍という三軍編成を持つ自衛隊に移行した。

この間の53年には、池田・ロバートソン会談というものがあった。これは、総理大臣特使として派遣された池田勇人❖が国務次官補ロバートソンと会談をし、アメリカ側から32万5000から35万人の軍隊を作るよう、要求された。それに対して、結局、18万人の陸上部隊を創設することで合意した。それだけではなく、日本は愛国心の育成など、自衛力増強の制約を取り除く努力をするという、たいへんみっともない約束をした。ここに従属的ナショナリズムというものがそれ自

❖**池田勇人**
1899(明治32)~1965年。1925(大正14)年に大蔵省に入省。1947年事務次官。同年に衆議院議員に当選。第3次吉田内閣の蔵相となり、ドッジ・ラインによる財政の均衡に努めた。1960~64年に首相を務め、高度経済成長政策や所得倍増計画を推進した。

身の中に持つ矛盾が明らかになっている。
日本は、それまでのように軍隊という名前を使わないで、従属的な軍事力を大きくしていくと、兵士のモラルが維持できない。つまり、アメリカの傭兵では兵士の自発性と規律を保つことができない。それに対して、フランス革命の時に持っていたような愛国心を期待するのであれば、完全な独立と市民という主体の形成を前提にしなければならなくなる。そこで、アメリカが「愛国心を養え」と要求することは、「アメリカの傭兵」に「日本への愛国心を持て」ということになり、どう考えても矛盾する。だからこそ、この安保の問題、あるいは安保のもとでの再軍備の強化という問題は消極的聖域として、これ以上問題を詮索しないという形をとらざるをえないということになったと考える。

◇本土の矛盾は沖縄へ

この時代に、もう一つ重要なことは、50年代なかばから後半にかけて、基地反対の運動が起こってくる中で、海兵隊が沖縄に移されたことだ。沖縄では56年に軍用地の強制収用の方向を示すプライス勧告❖が出て、非常に厳しい軍事支配のもとに、いわゆる「銃剣とブルドーザー❖」で基地を拡大していく。沖縄の市民は、それに対して、「島ぐるみ闘争」で反基地運動を闘っていた。しかし残念なこと

❖プライス勧告
1956年6月、アメリカ下院軍事委員会が出した沖縄の軍用地問題に関する報告書。55年10月に同委員会はプライス議員を長とする調査団を沖縄に送り、その調査結果をもとにこの報告書を作った。その内容は沖縄県民の期待に反し、占領米軍による民政府の政策を全面的に肯定し、地代の一括払い、土地買い上げの必要を勧告したものであった。これに対して県民は怒りを爆発させ「島ぐるみ運動」で基地化反対闘争を行った。

❖銃剣とブルドーザー
基地建設のため銃剣を持った米兵が耕地から住民を追い出し、ブルドーザーで家を破壊するという強行手段

に、日本本土では、沖縄の状況に対して、十分な関心を持たれなかったのに加え、その報道もほとんどないのが現実であった。

実は当時、中野好夫を中心に沖縄の資料と情報を集めるという運動があり、63年には沖縄資料センターができた。しかし、それでもなおかつ、沖縄が米軍に対する軍事的従属の犠牲になっているという事実は、多くの日本国民の意識に上らないという状況が解消されることなく、短く見積もっても72年の復帰まで、長く見積もれば今日まで、その状況は続いているということができよう。

6 60年安保闘争後の沈滞と聖域の固定化

◆安保闘争の重い課題――乗り越えられなかった「戸締り論」

アメリカは、日米安保を消極的聖域として維持していこうと考えていたが、しかし先にも述べたように、日本各地でさまざまな反対運動が起こってきた。そこで、岸信介❖を中心とした保守層とその背後にいるマッカーサー大使は、安保を聖域として隠しておくだけでは、その反対運動に対抗できないと考えた。そこで、安保を新しい条約の形に改定し、何とかこの問題に片をつけなければいけないと

をとったことを意味する。

❖**岸信介**
1896(明治29)～1987年。1941年に東條英機内閣の商工大臣。戦後A級戦犯として逮捕されるが不起訴。52年に衆議院当選。後に自由民主党の幹事長となり、57年石橋湛山が病気のため退陣した後、首相に就任。日米安全保障条約の改定を強行して総辞職。

いうことになり、岸が安保条約の改定に取り組んでいく。

ところが、安保に反対する市民の側にとっても、「安保は重い」という意識が強かった。「安保研究会」や「安保批判の会」など知識人を中心にさまざまな動きがあったが、やはり「安保は重い」という認識だった。「重い」というのは、その聖域をとことんまで突き詰めていくと、結局「戸締り論」にまで言及しなければならなくなる。この「戸締り論」というのは、当時まだ規模の小さい自衛隊しかない状態で、もし安保をなくしたら、日本に戸締りをしないようなもので、ソビエトが攻めてきたらどうするのか、というものだ。この「戸締り論」に対しての答えを出さないかぎり、「安保は不要」という説得はできない。

日本にも、絶対平和主義の非武装中立論者は昔から存在したが、これは非常に限られた人であり、民衆の大部分は戸締り論者なので、彼らを説得するのはたいへんなことである。したがって、消極的聖域に手をつけ、安保の「改定をしよう」という政府の側にとっても、「安保をなくせ」という運動の側にとっても、安保は実に重い課題だったわけである。

◆「民主か独裁か」

ところが結果的にみると、1960年5月19日から20日にかけて、岸首相が国会で警官隊を院内に入れて強行採決したことによって、大規模な反対運動が勢いづいてきた。それはもちろん、「安保反対」の運動であったが、より多くは非民主的な岸のやり方に対する抗議、つまり竹内好❖の表現によれば、「民主か独裁か」という問題として大衆運動が昂揚してきたという側面がある。だから皮肉なことに、民衆の運動が昂揚することによって、安保に対する関心が弱まったという逆説的な面もあった。

◆岸首相の退陣と安保闘争の挫折・終焉

そして、安保改定は衆議院で強行採決され、1カ月後には自動的に参議院で承認、6月19日をもって自然成立という形で改定安保が成立した。そうなると、大衆運動も沈静化していくこととなった。結局、岸が強行採決の責任をとって首相を辞任すると、「岸を倒せ」といっていた運動は一応目標を実現したことになり、そこで運動は沈静化する。沈静化すると、活動家はたいへんな挫折感に陥り、「やはり我々の運動は失敗だった」という悪循環に陥ることになる。このことが大きな原因となり、それ以後、もう一度安保の消極的聖域化が支配的となる。

❖**竹内好**
1910（明治43）～1977年。中国文学者、評論家。1934年に武田泰淳らと中国文学研究会を結成して「中国文学月報」を発刊。戦後都立大教授を務めたが、1960年日米安保条約改定の強行採決に抗議して辞職。

◇池田の「所得倍増論」と安保聖域化の固定

その安保の消極的聖域化を、一層確定的なものとしたのが、池田勇人の「所得倍増論」である。岸の後を継いで首相になった池田は、低姿勢で安保のような面倒な問題は避けて、所得倍増❖というスローガンを中心にして、国民の関心を経済に集中させていく。その結果、安保は消極的聖域として、見事に隠されてしまうことになった。それから、1964年の東京オリンピック、70年の大阪万博が続く中で、日本社会は、経済成長を謳歌する時代に突入していく。

池田は、「トランジスターのセールスマン」といわれたように、国際的にも経済的な関心に力点を置いて行動する。それをまた国民が歓迎するという形で、安保は見事に忘れられ、あるいは触れられないという形で聖域化していった。

そうした中、70年の大阪万博の年には、沖縄のコザ市で5000人規模の大騒動が起こったが、日本本土においては、高度経済成長という「お祭り騒ぎ」の中で、そうした事態に目を向けられることはなかった。

◇冷戦後の変化

安保は元来冷戦状況の下で日本を西側の拠点とすることを目的とするものであったから、1990年代に冷戦が終わってからは、その役割を失ったはずで

❖**所得倍増**
経済審議会の答申をもとに、1960年12月に、池田内閣により閣議決定された経済政策の基本方針で、高度成長政策の基礎となった計画。70年までの10年間に国民総生産を倍増させることを目標とした。結果的には計画を上回る高成長が実現されたが、公害、格差の増大、社会保障の立ち後れなどの問題を生んだ。

あった。しかし、冷戦当時から存在した安保の消極的聖域化という思考傾向はそのまま残り続けた。それだけではなく、冷戦後の米軍の戦略構想の変化もまた疑うことなく受け入れる形で、対米従属強化が既成事実の形で進められていった。その過程については第2章で詳しくみることにしよう。

column…1

「国体」の聖域化による思想統制と大内兵衛

「国体ノ変革」を企図する結社や運動を取り締まる「治安維持法」が公布されたのは1925年だった。これは法律に「国体」という言葉が用いられたはじめての例であった。この法律はいうまでもなく共産党とその同調者を取り締まることを直接の目的とするものであった。しかし、ここでいう「国体」とは何であるかは、法律解釈上明確さを欠く恐れがあった。当時最高の法廷であった大審院の判例上は、「万世一系ノ天皇」の統治を定めた帝国憲法第1条と、天皇の神聖不可侵を定めた第4条を否定するのが「国体ノ変革」であるとされた。しかし現実の国家主義運動が攻撃の対象とした思想、あるいは政府が思想取り締まりの基準において、「国体」という聖域を脅かすと考えられる思想の範囲は1930年代のなかばから、みるみるうちに拡大していった。

1935年のある日、私の通っていた学校では、軍事教練のために派遣された配属将校のM中佐が、朝礼の時に校門のほうを指さして言った。「あそこに国賊が住んでいると思って毎日にらんで通れ」と。その指した校門のすぐそばには、当時在郷軍人会などの「国体明徴運動」で攻撃の対象となっていた美濃部達吉の家があった。美濃部の憲法学説が天皇機関説という国体に反する考え方だというのが右翼の攻撃の理由であった。それから間もなく、美濃部の家を右翼のテロリストが襲い、彼を傷つけるという事件が起こった。さらに議会でも国家主義者から攻撃され、著書は発売禁止になり、彼もすべての公務を辞することとなった。

このような空気の中で、「君側の奸を除き」「国体」の精神に基づく「昭和維新」をするのだという大義名分で2・26事件というクーデターが起こった。その直後に私の父は都の治安維持の責任を負う警視総監に任命された。父にとっての最大の難問は、警察の手に負えない陸軍の暴力であった。それに加えて、個人的に最も心配していたことを次のように述べていた。「私の在任中に大内君を逮捕しなければならなくなると困る」と。父には熊本の五高当時の同窓以来の二人の親友がいた。その一人の右翼大川周明は、5・15事件に加担した罪で当時獄中にいて逮捕が必要になることはなかった。心配なのは左翼で取り締まりの対象となりそうな大内兵衛であった。右翼の人は非合法なことをしないかぎり逮捕されることはなかったが、左翼とみられた大内は、当時東京帝国大学経済学部教授だったが、マルクス主義の立場で財政学を講じていたということだけで、何も運動をしなくても、だんだん危なくなってきていることは、警察の担当者としての父にはよくわかっていた。

大内家と我が家とは家族ぐるみの接触もあり、大内教授が中学生の息子（力《つとむ》）さんに対して、「君はどう思う?」というような調子で友人に対するように話をするのをみて、我が家の家父長制との違いに驚いた。当時の私にとっては、あの小さな、いつもにこにこしているやさしいオジサンが「国体」を脅かす恐ろしい考えを持っているなどとは考えられなかった。

父は苦しい任務の重さに打ちひしがれ、今日でいえばウツ病になり、わずか10カ月で辞表を出した。もし父が通常の例のように2年間その職にいたとしたら、親友大内を自分の責任で逮捕しなければならなかっただろう。というのは辞任してから約1年後の1938年2月1日朝に大内夫人から電話で大内教授が逮捕されたことを告げられたからである。ただちに大内が留置されている淀橋署に面会に行き帰ってきた父は、「ひどい待遇だ、強盗やスリと一緒なんだ」とつぶやいた。これは自分が在任中全警察署を巡視していながら、留置所の処遇について、親友がそこに入るまで、まったく考えてみようともしなかったことへの反省を込めた感慨であったように思われた。そして父は次のようにつけ加えた。「大内君の言うところでは、日本という車が急に右にカーブを切ろうとしているように思えたので、注意深く端のほうに避けていたつもりだったが、とうとうはねられてしまった、ということだった」と。そして、そのすぐ後警視庁に出かけ、その時の総監安部源基に待遇の改善を求めた。淀橋署は混んでいるから、少しすいている早稲田署に移そうということで、同じ部屋の留置者の数は少なくなったが、改善は、はかばかしくなかった。大きな改善がみられたのは、署長がかわり、新しい署長に東大法学部で南原繁の教えを受けた人が赴任してからだった。その改善を示すものとして、最近社会運動資料センターで発見された大内が自分の詩を書いた軸物がある。そこには「昭和十三年初夏於早稲田署」と記されている。

長さ2メートル以上幅80センチぐらいの大きなものだから、署長応接室で自由に書いたものと思われる。そのほか時には署長応接室で新聞を読んだりする自由も与えられたようである(『東京新聞』2007年5月26日夕刊など共同通信記事)。しかし、そのような扱いは、一時的な例外的待遇で、毎日の生活がスリなど多くの留置者と同じ部屋の中で送られたということは、戦後の次のような出来事で明らかになった。

戦後父は「昔は多くの人を捕えたので、これからは罪ほろぼしに」といって、弁護士登録をして国選弁護人として刑事被告人の弁護にあたっていた。その父に「特別に僕の友人の弁護をして欲しい」と大内からの依頼があった。その「友人」とは留置場で親しくなった「飛行機の辰」というあだ名の逃げ足の速いスリだった。戦後の生活難からやむなくスリに戻って逮捕されたこのスリを、留置場を出てからも連絡があった大内が助けようと父に依頼したというわけである。

戦前の大内に最後に会ったのは、1943年11月私が入隊する直前に、父が挨拶に連れていってくれた時だった。その時大内は東大をすでに辞め、大原社会問題研究所で研究していた。この研究所に私たちを案内した大内は、1920年代関西のある工場のストライキでまかれたビラなどの資料をみせてくれた。その時には当時の大内の心境を私は知ることはできなかった。今日から振り返ってみると、無謀な戦争に入った日本の将来を、長い歴史の文脈の中で静かに考えていたのではないかと想像される。

戦後の大内の活動については、美濃部亮吉革新都政の生みの親となるなど、広く知られていることは多いが、私の個人史にとっては私が研究者となる上で重要な意味を持ったという点をつけ加えさせて欲しい。その一つは、大内がその発刊に力を貸した雑誌『世界』を創刊号から毎号、自分で宛名を書いて父のところに郵送してくれたことである。当時岩波書店の出版物は入手困難で、うっかりしていると売り切れになってしまうという状態だったから、毎月確実に手に入るというのは、本当にありがたいことだった。そのようにして手に入れた『世界』46年5月号にのせられた丸山眞男「超国家主義の論理と心理」が私に研究者の道を選ぶことを決意させたという意味で大内は私の恩人である。

私が研究者になりたいと決意したことに対して父は次のように疑問を出した。「大内君も南原君も卒業後まず役人になって、それから研究者へ転身したのだから、まず公務員試験を受けて役人になってから考えたらどうだ」と。私は、それは時間の無駄で最初から研究者になりたいと主張した。「それなら二人の意見をきいてくる」と父は二人に会った。南原は「自分は内務省での経験は、後の研究にも意味があったと思っているが、本人が直接研究者になりたいのなら、その希望通りにさせたほうがよい」といった。それに対し大内の返事は極めて簡単明瞭だった。「僕は大蔵省に入ったのは時間の無駄だったと思っている。直接研究の道に入ったほうがよい」と。これで父は完全に説得されることになった。

大内に最後に会ったのは、ハーバード大学大学院で河上肇について博士論文を書いていたゲール・バーンシュテイン（その後アリゾナ大学教授）がインタヴューをするのに同行して鎌倉の自宅を訪ねた時であった。きき手が外国人であることに配慮して、とりわけ丁寧に河上とその時代について詳しく説明していた姿が印象深く私の記憶に残っている。

column…2

天皇退位論と南原繁

敗戦が避けられないと思われてきた頃、支配層の中には天皇退位もやむをえないと考える人たちが出てきた。天皇退位が国際関係によって強いられたとしても、「国体」すなわち「万世一系」の天皇制を維持するためには、皇太子に位を譲ることで何とか難局を切り抜けようという考え方だった。たまたま私の身近で、これに関連した動きを体験したので次に記しておこう。

私の父が残した日記によると、１９４５年４月１日当時枢密顧問官であった潮恵之輔（父の内務省時代の先輩）から高松宮の別当になって欲しいと依頼があった。別当というのは皇族を補佐する役である。皇族はすべて軍籍にあったので、それまではすべて軍人が別当であったという。ここから先は私の推測だが、天皇が戦争責任を国際的に問われて退位に至る可能性を予測した人たちは、皇太子がまだ幼いから摂政をつける必要があると考えた。ところが天皇のすぐ下の弟である秩父宮は病気療養中であるから、その下の弟である高松宮が摂政ということになる。そのことを考えると、その補佐役には従来のように軍人を任命するのではなく、文官をあてておく必要があると配慮したものと思われる。

この動きとどのような関係があったかは将来研究されるべきだが、東京帝国大学法学部の中でも終戦工作を考えていた人たちがいた。その中心人物が後に総長となる南原繁であった。彼の天皇退位論は、彼自身の考え方に基づく独特のものであった。すなわち「道義国家日本の建設」への道をひらくためには今の天皇は戦争の道義的責任をとって退位することが必要だという考え方である。この考え方からすれば、天皇退位後に摂政となるはずの高松宮の役割が重要となってくる。一体誰が最初に言い出したかはわからないが、こうして南原が高松宮に「帝王学」として政治哲学史を講ずることになる。

南原は大学卒業後内務省に入り郡長もしたことがあり、内務省の後輩として父と旧知の間であった。父の日記に南原が登場するのは45年10月13日午後2時から4時5分まで高松宮を訪問したという記載からである。それに続けて11月25日9時45分から10時15分までの面会が記録されている。そして12月16日10時から11時45分まで南原総長御進講と記されている。それ以後12月23日および12月30日と年末ぎりぎりまで日曜日の同じ時間に進講が続けられ、12月30日の記載には「西洋政治哲学史——ローマ」と記されている。その後1月20日には「キリスト教」、2月3日には「ルネサンス」と記されているところをみると、時代を追って大学の講義と同じように述べられたものと思われる。

試みに『高松宮日記』を参照してみると、45年の間は忙しかったためか記載がなく、最初に出てくるのは、1月6日「一〇・〇〇南原先生第四講」という記述である。それ以後の記載は父の日記とほとんど同じで46年6月23日まで日曜日の午前10時から約2時間18回にわたって講義が行われたと思われる。ただ、『高松宮日記』には記載されていないが、父の日記では3月10日には「拝謁一時間、本日は進講取止め、御報告等に止めた模様なり」と記されているから、実際の講義は17回だったということになる。

敬虔な無教会派基督者であった南原にとっては、日曜日の午前中というのはこの上なく貴重な時間であったに違いない。しかし東大総長の職務にあった当時、ほかに使える時間がなかったのであろう。この貴重な時間を割いて高松宮に対する講義にあてたということは、彼がこの「帝王学」に込めた思いの深さを示すものだといえるだろう。現実には占領当局が天皇を退位させずに利用する政策を示し、天皇は巡幸などという形でこの期待にこたえるという方向をたどった。これは明らかに南原の期待したのとは違った方向であった。それを南原はどのようにみていたであろうか。実は私が南原に最初に会ったのは、1月13日進講の後自宅に南原を招いて昼食をともにした時であった。昼食といっても畑で作ったサツマイモを蒸したものだったと思う。その後南原には東大法学部で講義をきいただけではなく、私が研究者の道を選ぶ時、父が反対して研究者となる前に内務官僚になった南原の意見をききに行ったのに対し、自分は内務省に入ったのはよい経験になったと思っているが、本人がはじめから研究者になりたいというのなら希望通りにさせたらよいといって説得してくれたなど因縁は深かった。しかし何回も個人的に会いながら、天皇退位論についての南原のその後の見解をきく機会はついに見出せずに終わった。今後南原の伝記的研究の進歩に期待したい。

column…3

沖縄と違う本土の連合国による占領
——対日理事会の例

敗戦後日本の占領はアメリカによるものと考えられがちだが、実は連合国によるもので、しかも間接統治であった点が比較の視点から重要である。比較という場合、同じ敗戦国ドイツが統一政府を持つことを認められず分割占領となったため、1990年の統一に至るまで東西二つのドイツとなったこととの違いは大きい。私は1962年ウィーン市主催の「ヨーロッパ討論集会」で報告するため招かれた時、途中西ベルリンに立ち寄り冷戦の最前線にある緊張が、壁が作られた直後であったため、とりわけ厳しく感じられた。同時にアジアで同じように分断されたのは日本にかわって朝鮮半島であったということを思い起こさせられた。

もう一つの比較は、本土が連合国の占領下にあったのに対し、沖縄は米軍単独の占領下に米軍の直接統治に服していたという違いに気づかせる。本土が連合軍の占領下にあったというのは、具体的には、占領軍の中に、数は少なく地域は限られていたとはいえ、米軍以外の軍隊、すなわち、イギリス、インド、オーストラリア、ニュージーランドの軍隊がいたということに示されていた。もう一つ注目されるのは、ソ連も含む連合国の代表から構成された対日理事会が、ワシントンDCにある極東委員会の出先機関として東京に設置されており、マッカーサーに助言し協議する役割を期待されていた点にある。

1964年私はオーストラリア国立大学の招きで講演旅行に行った際、メルボルン大学でマクマホン・

ボール教授にインタヴューして、彼が対日理事会に英連邦代表として出席していた時の様子をきくことができた。これまで公にしたことがないので資料として残しておこう。第一回の対日理事会は1946年4月5日にマッカーサーを議長として開かれた。ソ連の代表が占領当局の政策に対して批判を始めると、マッカーサーは明らかにいらだちを示し、議長席から立って部屋の中を歩き始めた。それだけではなく、くわえていたパイプをふりまわし、あたりに火の粉を撒きちらしていった。そこでじゅうたんが燃えないように、私は後から靴でその火の粉を消して歩いた、とマクマホン・ボール教授は語っていた。ちなみにマッカーサーはこの後議長の役をするために出席することはなくなり、アチソン政治顧問部長やシーボルト外交局長が代役を務めることになった。対日理事会が実際に占領政策に影響を与えたという資料は見当たらない。しかし占領が連合国の合意によるという建前を示すものとして対日理事会が存在したということは否定できない。

　このインタヴューの時、マクマホン・ボール教授が語った次のエピソードも、未公開なのでついでに活字に残しておこう。吉田茂に個人的に夕食に招かれた時の話である。途中で吉田が突然2階に一人で上っていった。ホステス役を務めていた娘が、「父はお客様を置いて何て失礼な」と言っているうちに、2階からおりてきた吉田が持ってきたのはロバの玩具だった。それを机上に置き、それについているひもの先にある丸い部分を押すと、ロバは頭を下げる。これを何回かやった後吉田が言った。「私はこのロバのようなもので、マッカーサーがこれを押すと私はこういうふうに動くのだ」と。

column…4

ヴェトナム帰休兵と冷戦の思考枠組

1970年代のはじめ、ヴェトナム反戦運動が昂揚していた頃のことだったと思う。ある日午後10時に研究室から帰宅しようと東大正門のところに来ると、門衛さんと3人の白人の若者が何か争っている様子だった。事情を英語できくと、3人が門を入ろうとして門衛さんに阻止されたのだとわかった。私はこの門は10時に閉まるので、中に入りたかったら明日来て欲しいと説明すると、彼らは納得して立ち去ろうとした。「ところで君たちはどこから来たの?」と訊ねると「ヴェトナムから」と答える。

これは放っておけない、と私は考えた。べ平連の一部がやっていた脱走兵援助に多少かかわりを持っていた私としては、あるいは説得して反戦の立場をとるようにさせられないかと思った。大学とみえる場所に入りたいというのは、あるいは学生で徴兵されたのではないかと想像したからである。まずはじめに訊ねた。「ヴェトナムで多くの民間人を殺して楽しいのか」と。彼らは口をそろえるようにして答えた。「とんでもない。ただ生きのびたいだけだ。何しろ農民の姿をしていても、いつ撃ってくるかわからない。だから殺されないためには、こちらから先に撃たなければならないのだ」と。

私は約30年前に同じように徴兵されて戦うことを強いられた当時のことを思い浮かべて、いささか同情の念を感じた。もっとも当時はまだアメリカのような民主主義国の軍隊は私が体験したような不条理な訓練は経験していないと思っていた。その根拠は敗戦後多くの米兵を目にして、帝国陸軍との二つの大きな違いを見出したからである。その一つは、軍服を着て上官に会っても、勤務外の場合には敬礼をする必要がないという点である。私が見習士官になってはじめて休暇で外出した時、明治神宮に家族と参拝に行った際に、新年であったからか、幼年学校の生徒をはじめ、むやみに軍人が多く、のべつ敬礼をしていて家族と話すことさえできない状態であった。

もう一つの違いは、米兵は勤務の時以外は武器を持っていないという点である。何しろ日本の軍隊では白昼陸軍省で相沢三郎中佐が軍務局長永田鉄山少将を斬り殺したように常時将校は軍刀を身につけていた。

このような違いはあったとしても、アメリカの軍隊も日本の軍隊と同じように、命ぜられればいつでも殺人ができるような軍人を作り出すためには非人間化を強いる訓練を受けるのだということを知ったのは、その後ヴェトナム戦争を主題とした「フルメタル・ジャケット」という映画で海兵隊の訓練状況に接してからである。その後さらに最近になって日本のドキュメンタリー・フィルムで、その訓練状況がフィクションでなかったことを確認し、軍事組織の共通性を、あらためて強く印象づけられた。

このような共通性をなお自覚していなかった当時、目の前にした3人の米兵にある種の同情の念を持ったのは、彼らが言葉もわからない外国で殺人を強いられているのは、日本兵が外国の侵略戦争で殺人を強いられたのと同じ立場に置かれていると感じたからである。すでにベ平連の仲間たちとアメリカの新聞に意見広告を出した時に、あなた方は私たち日本人が中国で過去に犯したのと同じ間違いをしているという意味のことを書いたのを思い出したからである。そこで私は彼らに言った。

「殺されないうちに撃つという気持はわかるが、そもそもゲリラに攻撃されるのは君たちがよその国へいって戦争しているからではないか」と。それに対して米兵は「我々もよその国で戦いたいとは思わない。しかし放っておけば共産主義がヴェトナムに広がり、さらにアジアのほかの地域に及ぶようになるのを防ぐために必要なのだ」という。私はさらにつけ加えた。「日本が中国に侵略した時の口実も、まさにそれと同じで、共産主義を防ぐということだった。しかし日本の兵隊が敵だと思って多くの民間人を殺したから、ますます多くの中国人が日本の侵略に反対するようになり、そのようにして増大したナショナリズムの力で今日の中国が生まれたのだ」と。

しかし、このような私の説明も、西側民主主義・自由世界対共産主義・全体主義の支配という彼らの二項対立の思考枠組を壊すことはできなかった。結局30分以上論争したが説得できずに別れることになった。30分も平穏に帰休兵と議論できた私は、特別幸運であったのかもしれない。というのは正門から歩いて10分程のホテルの3階の窓から精神異常を起こした帰休兵が机を路上に投げ出すという事件があったからである。この種の事件が珍しくなかったので、地域の反対によってホテルでは帰休兵の宿泊を断るに至るほどであった。ともあれこのように冷戦の思考枠組を壊すことに失敗したことは、私にヴェトナム反戦運動における理論的未熟さを自覚させた。さらに考えてみれば、その未熟さはさらに深い根を持っていることに思い至ることになった。それはほかならぬ我々の国家が、ヴェトナム戦争のための基地を提供している日米安保体制を変えられないでいるという弱さであった。

冷戦は1989年のベルリンの壁崩壊に象徴される形で終わった。しかし冷戦的な二項対立の思考枠組は残り続けている。今度は対テロ戦争が「不朽の自由作戦」とよばれているように「自由の敵」に対する戦争として闘われている。それはかつて泥沼に陥ったヴェトナム戦争を繰り返すものにほかならなかった。イラクで「止まれ！　止まらないと撃つぞ」と英語で警告をして止まらないので撃った結果殺されたのは、出産が迫って病院に急ぐ妊婦とその夫であったという種類の民間人殺害が反米感情を広め、ゲリラを増大させるという悪循環が続いた。アフガニスタンでも、多くの人が集まっているというので爆撃したら結婚式であったというような「誤爆」の事例が同じような悪循環を生んでいる。

このような形で米軍の作戦は地球的規模にまで広がっている。その米軍に対して自衛隊はインターオペラビリティ（軍事色を除くため「相互運用性」と訳されている）を高め、いつでも、どこに対する米軍の攻撃にも「後方支援」という形で協力できる枠組となっているのが今日の安保体制といえるだろう。この体制をいつまでも聖域として放置することなく、それを支える二項対立的思考枠組とともに問い直す課題が、今日緊急なものとして我々の前にある。

column…5

アメリカ観の羅針盤——齋藤眞さんへの追悼文

齋藤眞さんは、私より2歳年長の先輩として敗戦後東大法学部研究室で生活をともにした頃から、生涯にわたって私の先導者であり続けた。最初にお会いした頃は齋藤さんは海軍の軍服、私は陸軍の軍服を着ていたように記憶している。二人とも一日の大部分を研究室で過ごしていたから、部屋は違ったが、時おり小使室の「いろり」を囲んでお茶を飲みながら話をするのが常だった。その後私は同じ学内の社会科学研究所に移ったが、多くの研究会で、また時には共同研究の仲間として討論する機会が少なくなかった。齋藤さんが書かれたものを通じてだけでなく、個人的な接触で教えられたことも多い。その両方を含めて、齋藤さんが私にとって持っていた重要性を一言でいえば、私がアメリカに対する態度を決める上で羅針盤の役割を果たした点にある。

これは、齋藤さんが信頼できるアメリカ専門研究者であるのに対し、私が日本を対象とする研究者であり、また平和を願う市民として行動する時に、アメリカに対する態度を決めるための指針を必要としたことによる。とりわけ不器用で時流に反した極端な態度をとりがちであった私にとっては、振幅の大きい試行錯誤の中で方向を見誤らない基準が必要であったからである。

齋藤さんが羅針盤として私にとって果たした役割の大きさを示すため、私の個人史に触れることを許していただきたい。リベラルな家庭に育った齋藤さんと違って、「天皇ノ官吏」の家に育ち軍国青年であった私は、なぜ自分が軍国青年になったかを究明することを動機に研究者となった。その私は、日本国憲法を含めた初期占領政策の非軍事化・民主化の方向に全面的に賛成であった。しかし、敗戦までアメリカは精神文化のない国で道義的に劣っているなどといっていた知識人・言論人が、急に態度を変えてアメリカに学べと言い出すような無節操な態度にはがまんができなかった。

朝からラジオで英会話の放送があり、英会話の本がベストセラーになるという風潮にも違和感を持った私は、占領中は絶対に英語を話さないという極端な形で、占領軍への少なからぬ日本人の媚態に対する抵抗を試みる決心をした。このような私の不器用な対応の中で、私のアメリカ理解を支えていたのが戦前から一貫した研究を続けてこられた髙木八尺先生の講義と著書だった。このような日本における時流に動かされないアメリカ研究への私の信頼の対象が、やがて髙木先生から齋藤さんへと引き継がれることになる。

ところでアメリカに対する日本人の態度の中に1950年朝鮮戦争当時から大きな変化がみられた。

初期民主化政策を支持し、占領軍を解放軍とみていた左翼を中心とする多数の日本人は、今度はアメリカ全体が帝国主義の体制であり「民族の敵」であるとして全面否定する方向に変わっていった。50年代のはじめには齋藤さんはアメリカにいてマッカーシズムの傾向を批判的にみておられたが、日本でも「イールズ旋風」などといわれるような占領当局による学問の自由への脅威が問題となった。私もこの脅威への反対という点では厳しく考えていたが、その反対はむしろアメリカ民主主義の原理からの逸脱に対するもので、帝国主義の体制としてアメリカ全体を否定するものではなかった。

アメリカに対する批判的風潮は、岸信介首相が日米安保条約の改定を試みたこと、およびその条約の強行採決によって一層強まった。アメリカ革命以来の民主主義の原理という貴重な伝統と、現実における冷戦下の日米同盟への批判とをどのように関係づけるかという難問に直面した時、齋藤さんの羅針盤としての役割が大きく前面に現れた。60年1月と5月に書かれ、『世界』3月号と7月号に発表された『『国際信義』と『国内信義』』、および「日米修好百年の汚点」と題された論文は、民主主義の原理と国際関係という視点から、また日米関係の歴史的な文脈の中で、どのように考えてアメリカに対する態度を決めるべきかについて、明晰に方向を示す指針となった。

齋藤さんたちアメリカで学んだ12人の研究者が、アイゼンハワー大統領訪日延期要請の声明を発表し、そのビラをアメリカ大使館周辺で配布したことを知らされ、真にアメリカを知る人たちの態度として教えられるところが大きかった。

60年安保改定の過程で、アメリカ側からの日本への関心も高まった。ハーバード大学東アジア研究所のJ・フェアバンク、E・ライシャワー両教授が、それぞれ私のような若手研究者のところに訪ねて来られることにもなった。ところが私の側は英会話ができないので通訳を通じてインタヴューに応ずる状態であった。

齋藤さんが『世界』7月号論文で、フィクションであろうが、アメリカの友人への書簡という形をとられたことにも刺激され、アメリカの研究者との対話をする必要性を痛感して、中学生程度の英会話から勉強を始めることになった。

私のアメリカの友人たちとの直接の対話は、1961〜63年の在米研究の機会に全面的に展開することになる。その中で最も印象深く記憶に残っているのは、63年にハーバードで親しく接したD・リースマン教授である。ちょうど彼が日本で齋藤さんたちのお骨折りで手厚く受け入れられて、日本へ強い関心を持って帰国したところだった。毎年一つだけ講義をきく習慣を持っていたリースマンは、63年にはR・ベラーの日本の思想に関する講義を選んだ。ベラーが私にどうしても一度話して欲しいというので、番外でならということで日曜日に特別講義の形で話をしたが、その時一番前に座って、最初に質問をしたのはリースマンだった。

彼は日本に対する関心が深かっただけでなく日本の研究者に対する評価も高かった。自分の社会に批判的な目を持てる人こそ他の社会への鋭い分析もできるのだと言い、自己批判の強い日本人の中から第二のトクヴィルが現れることを期待するとまで述べた。その時彼の頭の中にあったのは齋藤さんの姿であったに違いないと感じた。

さて、私が2年間のアメリカ滞在で多くの平和活動家や市民権運動家たちと接触した後に63年のワシントン大行進の直後に帰国してみると、日本ではライシャワー大使がアメリカの近代化論の代表者として「ライシャワー路線」を強行していると批判にさらされているところだった。私はまず、ライシャワーが大使である間は接触を持たないことに決め、その後ヴェトナム戦争が北爆開始で泥沼化していくのをみて、戦争が終わるまでアメリカを訪問しないと宣言し、隣国メキシコにあるラテン・アメリカのための大学院で1年教えた。

ヴェトナム戦争が終わった後に、私は1976〜77年に南西部テュソンのアリゾナ大学大学院で教えることになり、そこで先住民やメキシコ系アメリカ人との接触を深めた。たまたまアメリカ建国200年を迎えることになり、先住民の間では、この200年を自分たちが白人によって抹殺された過程として問い直しているのが印象的であった。齋藤さんが「アメリカ史の原罪」とよばれた主題に私も関心を持ち、周辺からみたアメリカについていくつかの文章を書いた。

さらに80年代には2回、それぞれ1年間ドイツ（当時の西ベルリン）に滞在し、そこで日独の戦争責任に対する態度を比較すると同時に、敗戦と占領下の日米関係を、独米関係と比較する機会にめぐまれた。

私のアメリカに対する見方の激しい試行錯誤の過程を、あえて時系列に沿って述べたのは、そのような過程で齋藤さんの「アメリカとは何か」という歴史的・世界的文脈の中での位置づけが、常に私の中で羅針盤としての役割を果たしていたことを示したかったからである。すなわち齋藤さんのアメリカ革命から現代史に至る実証的研究を貫く「アメリカ社会理解の前提」として示された四つの視点が常に導きの糸となっていた。いうまでもなく、その四つの視点とは、時間（歴史の若さ）、空間（国境の内外の大きさ）、人間（人種、エスニシティの多元性）、そして転機（多極化、多元化）にほかならない。このような持続的な視点から、めまぐるしく動く現実を分析していく齋藤さんの姿勢は、髙木先生を継いで、私のアメリカ理解を方向づける羅針盤であった。この意味が私にとってとりわけ大きかったのは、私のアメリカに対する態度の試行錯誤がとりわけ不器用で極端だったからでもある。ともあれ、私にとって常にアメリカ理解の導きの星であった齋藤さんにあらためて感謝したい。

しかし、将来ますます専門分化が進むであろうことは、アメリカ研究の領域でも例外ではあるまい。その場合にアメリカ専門研究者以外の人たちに対しても、アメリカ理解の基本的方向づけを可能にするような視点をアメリカ研究者が提示するという点で齋藤さんの伝統を引き継いでいっていただきたいと願っている。それが何よりの齋藤さんへの追悼にもなると信じている。

(この文章は齋藤眞先生追悼集刊行委員会編『こまが廻り出した』東京大学出版会、2011年に収められたものである。なお本書では人名に一切敬称をつけない原則を採用しているが、この文章だけは例外として既発表のまま敬称を残している。)

第2章

軍事的抑止力の危うさ

――殺人を命ぜられた者の体験から

1 「国家の安全保障」の危うさ
――軍隊生活を体験した者の視点からみる

◇殺し殺される身になって考える

第1章ですでに繰り返し述べたが、日米安保条約の問題、すなわち「武力による抑止」の問題が、日本社会の中で、これまで十分に論じられてこなかったのは、それが支配体制によって聖域として囲い込まれたからである。別の言い方をすれば、「安保」と「武力の強化」によって利益を得る人たち（政治家、軍事関連企業、官僚など）が、「国家の安全保障」という問題を、安保堅持に有効に利用しようと、徹底的な議論の対象とすることを回避してきたからである。

「国家の安全保障」や「軍事戦略」なるものは、常に「専門家」といわれる人たちの間でのみ詳しく議論される傾向を持つ。しかしほとんどの場合、その議論は「軍事的抑止」の聖域化を強めることになっても、その聖域を壊すことには役立たない。なぜなら、「専門家」と称する人たちの議論は、難解な用語を駆使することによって、その問題を専門家の独占領域として囲い込む。そして、武力による抑止によって犠牲になる人たちからの、真摯な問いかけには応じようとはしないからだ。

本書の中で、私が「自分自身に軍隊体験がある」という点にこだわっているのも、実はこの点にかかわっている。私は政治学の研究者として半世紀を過ごしてきたが、決して「軍事戦略論」の専門家でも「安全保障」の専門家でもない。

それよりも私は、自分の軍隊体験を通じ、直接「殺し」「殺される」現場に身を置いた一人の人間として、この問題を考えてみたいと思っている。

つまり、直接人を殺すことを命ぜられる者の立場に立つと、「本当に相手を殺してよいのか」、あるいは「私はなぜこの人を敵として殺さなければならないのか」という難問に直面する。しかし、殺人を命ずる指揮官の立場からは、一人ひとりの生身の人間のことはみえず、それを現実感のない「数の問題」としてしかとらえようとしない。そこが大きな問題であるといえる。「軍事戦略論」や「安全保障」の専門家も同様のことが多い。

しかし、殺される側は無論のこと、殺す側の兵士にとっても、実際の戦争は悲惨である。直接、殺人の現場に置かれた人が直面する問題の深刻さを示す例としては、アメリカの退役軍人省による次の調査結果がある。イラクとアフガニスタンから帰還した約110万人の兵士のうち、10万人が心的外傷後ストレス障害❖（PTSD）になり、治療を受けているという事実である（『朝日新聞』2010年7月28日夕刊）。

特に、軍隊の最底辺から下級指揮官になるまでの過程を経験し、軍隊という官僚組織の階梯を上るに従って、次第に殺人の現場から離れていくことを実感した私からすると、上級指揮官となれば、直接殺人にあたる下級者は、もはや生身の人間ではなく、ただ戦闘効率をあげる道具にすぎなくなることは容易に想像できる。

ましてや、直接軍事組織とかかわりのない「専門研究者」が戦略論や抑止論を扱う場合に、どの程度、現場で殺し、殺される人間のことを考えているのか、疑問に感じる場合が多い。たとえば1967年ウィリアムズバーグで行われた日米民間人会議の際、ハーマン・カーン❖がアメリカの対ソ報復力を論じて何分間に何メガデス（百万人の死者）を生み出せるかを誇らしげに語るのをきいて、一人の人間の死がいかに小さくみられているかに驚いたことがある。

このことにとりわけ驚いたのは、私自身コラムに書いた次のような体験を持っ

❖**心的外傷後ストレス障害**
忍耐の限界を超えたストレス、たとえば、戦争や災害、事故、犯罪事件などを体験した後に生じる。不安・うつ状態・パニック・フラッシュバックなどが代表的な症状。日本では、1995年の阪神・淡路大震災後に問題になった。

❖**ハーマン・カーン**
1922〜1983年。物理学者、未来学者。アメリカの軍事戦略を立案するシンクタンクのランド研究所において、冷戦下の核戦略分析に従事する。

ていたからである［▼コラム6参照］。すなわち、東京湾上空で乗っていた戦闘機が撃ち落とされ、パラシュートで脱出した米兵をとらえた場合、司令部から「その米兵をただちに殺せ」という命令がくれば、私たち現場の兵士はその命令に背くことはできない。しかし、直接、殺人の手を下す兵士たちは、「はたして、殺すべきかどうか」と悩むことになる。それは、兵士であってもただ命令を実行する機械ではなく、生きた人間だからである。

軍隊生活を体験した者として、直接殺人を命じられ、これを拒むことができない立場に追い込まれた人間の目から、「武器による抑止の危うさを問おう」ということが、ここでの主要課題である。

その際、当然出されると思われる質問に、あらかじめ答えておく必要がある。それは、私が体験した旧帝国陸軍は、1945年9月2日に解体消滅している。そのため、「旧帝国陸軍の問題を論じても、今日の軍事的抑止、すなわち米軍や自衛隊とは無縁なのではないか」という意見である。確かにその意見は、半分はそのとおりであるが、しかし半分は妥当ではない。はたして旧帝国陸軍は、今日の軍事組織とまったく無関係といえるのだろうか。私はそうは思わない。

そこで、本節では、旧帝国軍隊と今日の軍事組織とどこが違い、どこが共通しているのかを明らかにしていきたい。

◇旧帝国軍隊と今日の軍事組織との違いと共通性

旧帝国軍隊と今日の軍事組織との最大の違いは、旧帝国軍隊は「天皇の軍隊」であったという点にある。これはさらに二つの面からとらえることができる。すなわち、①天皇が精神的・制度的支柱であったこと、②それと関連して軍隊が社会の中で優越的地位を占めその内部秩序が外部社会にまで及んでいたこと、の二つである。

まず、「①天皇が精神的支柱であったこと」から説明しよう。若者が軍隊に入隊するとまずやらされることは、軍人勅諭の暗誦である。そして、「軍隊は代々天皇の統率したまう」ものだということを徹底的に叩き込まれる。

この考え方はやがて天皇の軍隊が「八紘一宇《はっこういちう》❖」という、天皇の世界支配を実現するための担い手だという考え方へと展開されていく。しかし、戦後、皇軍解体と天皇の象徴化によって、「天皇による世界支配」の可能性はなくなった。

また、統帥権独立といわれたように、制度的に軍隊を動かせるのは天皇だけであり、文官は関与できないことになっていた。これが軍国主義的支配を生み出す制度的要因であった。第二次世界大戦後の民主主義制度をとる政治形態の下では、文民統制が何らかの形で保障されるようになったので、この制度的前提がそのまま復活することは考えにくい。

❖八紘一宇
日本書紀の一節から、田中智学が日本的世界統一の原理として造語した標語。「世界を一つの家にする」という意味を持ち、日本の侵略戦争を正当化するために用いられた。

次に、二つ目の違いである「②軍隊の内部秩序が外部社会にまで及んでいたこと」について説明したい。わかりやすい例からいえば、私が戦後、占領軍である米軍をみて、帝国陸軍との違いとして最初に感じたことは、敬礼と帯剣のないことだった。米軍は任務についていない時には、制服を着た上官に会っても敬礼せず、同時に武器も持っていないのである。このことに私は、たいへん驚かされた。

旧帝国陸軍では、どこにいても、何をしていても上官には敬礼しなければならず、一方、将校はどこにいても軍刀を腰にしていた。軍刀というものは、実際に人を殺すことのできる武器だから、それだけでたいへんな圧力を持つ。現実にも1935年、白昼の陸軍省内で、相沢三郎中佐は自分の軍刀で軍務局長永田鉄山少将を斬り殺した。5・15事件❖、2・26事件では多くの軍人でない指導者たちに対して軍人によって武器が使われた。こうした点は、今日の民主国家の軍人にはみられない。

ただつけ加えておくべきことは、日本が軍国主義になる以前の1910年代から20年代にかけての大正デモクラシーの時代には、国際協調と軍縮が世界的な大きな流れとなっていた。そのため、軍人が外出する時には軍服を着用せず、平服で市民と区別されない（もっと露骨にいえば、冷たい目でみられない）配慮をしていたことである。ところが、そうした時代から、わずか20年ぐらいの間に、日本は一挙

❖**5・15事件**
1932年、海軍青年将校と陸軍士官学校生徒らが、首相官邸や日本銀行、牧野伸顕内大臣邸、警視庁、政友会本部などを襲撃、犬養毅首相を射殺した事件。

に軍国主義の時代に変わったのだということを忘れないでおく必要がある。

以上のように、旧日本帝国軍隊には今日の民主国家の軍隊とは、明らかに区別される特殊性があった。しかし同時に、今日の軍事組織にも当時の軍隊と共通した要素がある点も見逃すことはできない。

その最大のものは、軍事力の存在理由を支える特殊主義的または排他的「理念」があることだ。軍事力は人間の生命を奪うものであるから、その存在にはそれだけの正当性根拠が必要である。特に武力が、人を殺す手段として行使される場合には、それ相当の理由がなければならない。

わかりやすい例をあげれば、アメリカ前大統領ブッシュがアフガニスタンへの軍事侵攻を命令した時、その作戦を「不朽の自由」作戦とよんだ。つまりアメリカは、歴史的伝統を持つ「明白な使命(マニフェスト・ディスティニー)」として、「自由」を擁護するために武力を行使するのだというのである。しかし、この場合の「自由」というのは、アメリカとその同盟国に属する人間しか対象としていない。そしてこの「自由」には、アメリカから敵とされた人たちの自由は一切含まれない。その意味では、ブッシュのいう「自由」という言葉は、普遍的な意味を持たないものだといえる。

しかし、そのことが内部的に問い直されることは極めて稀である。それは軍事力が「国益を守る」あるいは「国家の安全保障のため」だといわれた場合に、その意味を個人から問い直すことが難しいのと同様である。この難しさは、民主主義の成熟度と大きく関連している。

戦前の日本の軍隊は天皇の軍隊であり、その戦争目的はもともと普遍主義とは縁のない「八紘一宇」というような、当時の日本人にしか通用しない理念だった。民主主義国家アメリカの場合には、一応「自由」という普遍主義的な言葉が使われるが、その「自由」を他国に武力で強制する時、それは普遍主義的性格を失う。そのような武力による強制が「自由擁護」という大義名分の下で行われると、それだけ問い直しが難しくなる。コラムで取り上げたヴェトナム帰休兵の場合のように、共産主義のドミノを防ぐのが戦争の目的だと信ずることにもなるからである。

また、軍事組織は最終的には殺人効率をあげることによって、敵を壊滅させることを目的とする組織である。そのため、その構成員が殺人を命じられた時、それを拒否することがないような内部規律と強制力が必要となる。したがってまず、軍隊では、命令に絶対服従させる訓練がなされる。

私は戦後の一時期、アメリカのような民主主義国の軍隊の訓練は、旧日本軍とまったく違うと思っていた。しかし、その後、海兵隊訓練のドキュメンタリー映画をみることによって、極めて共通した要素が多いことを知るようになった。少なくともドキュメンタリーによるかぎりでは、海兵隊では旧日本軍のような暴力的制裁はない。しかし、兵士が命令に服従するために、通常の市民道徳とは無縁と思われるような特殊な厳しい規律を課している点では共通している。

たとえば、軍隊に入隊する時、訓練を始める前に、最後に家族に電話をさせ、そこで市民社会との断絶を意識させる点、あるいは訓練中に何を命ぜられても、「イエス・サー」と言って従うことを習慣づけられる点などは、旧日本帝国陸軍と同じだ。なお、これはフィクションであるが、「フルメタル・ジャケット❖」という映画では、教官である軍曹によって徹底的にしごかれ、精神を破壊されてしまった兵士が、訓練の最後にその軍曹を射殺するという場面が出てくるが、旧日本軍では多くの場合、自殺という形をとって、その矛盾が露わになった。

また、戦前の旧日本帝国陸軍では、「作戦要務令❖」によって、軍の主とするところは「戦闘」であるとされたが、今日のアメリカ海兵隊の文書をみても、戦闘中心という点では少しも違いがない。これは言い換えれば、およそ軍事組織と名のつくものであるならば、その主要目的は殺人効率をあげるということになる。そして、殺人効率をあげるための軍事組織内の特殊な規則とそれを強制するための特別な法廷として、軍事法廷が存在する。すなわち、軍事法廷は、「軍隊指揮

❖フルメタル・ジャケット
新兵訓練で知り合った3人の若者の姿を通して戦争の無意味さを描く。マシュー・モディン主演、スタンリー・キューブリック監督作品。

❖作戦要務令
旧日本陸軍の典範令といわれる指導書の一つで、軍隊に対し陣中勤務および戦闘の準拠を示したもの。従来の陣中要務令および戦闘綱要にかわって制定され、1938年12月、第一部・第二部が発布された。

権を強固に維持し、指揮命令系統を守る」ことを目的としており、いかに理不尽な命令であっても、兵士はその命令に従わなければ、この軍事法廷によって罰せられることになるわけだ。

ちなみに自民党の改憲案では、9条改正で正規の軍隊を作り出すだけでなく、軍事法廷設置を提案している点は、自衛隊を殺人を目的とする本格的な軍隊にしようと考えていることを意味しており、注目する必要がある。

こうしたことから、確かに、アメリカの軍隊のような民主主義国家の軍隊は、旧日本軍隊のような、神聖な天皇の権威を頂点としてわけのわからぬ私的暴力の制裁があったという特殊性を持たない合理的存在のようにみえる。しかし、「殺人を任務とする」ことに伴う重大な問題点を持っていることもまた、明らかである。

つまりその組織成員である兵士が、モラルを持った人間として「はたして、この相手を殺してよいのか」という、極めて人間らしい判断をすることの自由を奪われるという問題を避けて通ることができないのだ。

しかし現在、この問題（つまり、好むと好まざるとにかかわらず、命令されれば人を殺さなければならないという問題）が広く認識され、明らかになっているとはいいがたい。

こうした今日の日本における状況、すなわち「武力による抑止」の危うさを十分考えることがないという状況を分析し、それを乗り越えるための手立てをみつけることは、極めて重要だ。その際には、次の原則を頭に入れておくことが大切である。

一般に、殺人(戦闘)現場からの空間的距離が大きくなるに従って、武力の危うさの意識は小さくなる。戦闘の最前線に立たされた人間は、相手を殺すことについて、極めて深刻に向き合わなければならない。それゆえ、「武力による抑止」の持つ危うさについては、その当事者として真剣に考えざるをえない。しかし、私の経験からいっても、戦闘現場から遠くなればなるほど、武器使用に伴う責任意識は弱くなる。

さらに私たち日本人は、時間的にも戦闘現場から遠くなった。60年安保当時はなお敗戦から15年しか経っておらず、多くの国民が第二次世界大戦の実体験を持っていた。そのため、改定されようとしていた安保によって、日本が冷戦体制下におけるアメリカの軍事戦略の拠点とされることへの、根強い抵抗感が残っていた。その後、ヴェトナム戦争の頃にも、東京の王子には米軍の野戦病院があったほか、神奈川県相模原市でも戦闘で破壊された戦車の修理工場があったなど、戦争の臭いは日本中に広がっていた。

❖**ベ平連**
正式には「ベトナムに平和を！市民連合」。代表は小田実。1965年4月25日発足。①ベトナムに平和を、②ベトナムはベトナム人の手に、③日本政府は戦争に協力するな、を目標にしたところがその後、海兵隊をはじめとした米軍基地の多くが沖縄に移された。そして、米ソ関係の改善により冷戦の緊張がゆるみ、高度成長期を迎えた日本がその経済的繁栄を謳歌するようになると、民衆の中の戦争の記憶ははるか昔のこととなった。

そして今日にいたるまで、自衛隊の兵士が海外で一人も人を殺すことがない、いわゆる「平和」な時代が続いてきた。こうした状況の中で、多くの人は、「今、どうして武力による抑止の危うさについて問い直す必要があるのか」という意識を持つに至っている。

❖空間的距離の大きさと間接的加害を意識することの難しさ

しかし、日本が「平和」を楽しんでいた間にも、朝鮮戦争があり、ヴェトナム戦争があった。日本は憲法9条の制約で直接参戦することはなかったが、しかし米軍に基地を提供し、武器を生産・修理したほか、補給などの重要な支援も行った。特に、武器の生産・修理の過程で、日本企業は大きな経済的利益をあげ、それが経済成長の原動力になった。こうした状況に対し、べ平連❖の小田実❖たちは日本の加害責任を問うたが、それは少数意見に止まった。

2001年の9・11においてアメリカは、真珠湾攻撃以後はじめてその領土に

❖が、規約も会員もなく、行動に参加する者をべ平連とみなすという特殊な組織形態で、ティーチ・イン（討論集会）、米紙への意見広告、脱走米兵援助など多様な運動を展開。74年に活動を終えた。なお詳しくは第3章参照。

❖小田実
1932年〜2007年。小説家。フルブライト留学生となり、アメリカ留学中に世界をめぐった旅行記『何でも見てやろう』がベストセラーとなる。1965年に鶴見俊輔らと「ベトナムに平和を！市民連合」（べ平連）を結成し、反戦運動に取り組む。『「アボジ」を踏む』で川端康成文学賞受賞。

対する攻撃を受けた。そしてアメリカ国民は、米軍による武力行使に対する報復の恐ろしさ、すなわちその代償の大きさを、身をもって体験した。

それに対して日本は、米軍によるアフガニスタン侵攻とイラク戦争を、治安維持活動や空輸活動などの「後方支援」によって支えた。しかし、直接的な殺人に加担していないとして、加害者としての意識を持たずにきた。

だが、軍事侵攻され、殺されるアフガニスタンやイラクの被害者の側からみれば、間接的であれ、日本が戦争に加担していることはよく知られている。そのため、アフガニスタンで用水路建設など農民のための支援を行っているペシャワール会❖では、それまでは車に日の丸を描いていたが、それを塗りつぶすようになった。

また、2004年3月11日、スペインのマドリッドで列車爆破事件があり、その直後の3月14日の選挙で社会労働党が勝利して、サパテロ政権が成立した。そのサパテロ政権がイラクからの撤兵を決定したことによって、その後、スペインはテロの恐怖から解放され、一度も攻撃を受けることなく、現在に至っている。

他方、英国労働党のブレア政権は、イラクとアフガニスタンへの派兵を続けてきた。その結果、2005年7月7日ロンドン地下鉄での爆破事件があり、その後もテロの恐怖は続いている。こうした例からみても、加害への加担は加害者側

❖**ペシャワール会**
パキスタン北西辺境州、およびアフガニスタンにおいて、ハンセン病の治療を主とする医療活動から始め、広く農民の生活支援を行っている民間国際協力団体。

には加害の意識を生み出しにくいが、被害者の側からみれば、間接的加担でも決して許せる行為ではないといえる。日本の間接的加担はそうした危うさをはらんでいる。

◇日常的恐怖と人間破壊を生み出す軍事的抑止

これまでは、私の軍隊体験から出発し、戦前と共通する要素を中心にみてきたが、次に、今日的状況において増大している、あるいは新たに生まれた危うさについて述べてみたい。

すなわち、今日の軍事的抑止は、①民間人が殺されることによる敵の増大という危うさ、②殺人を命じられた兵士自身の人間破壊による危うさ、③報復のグローバル化・日常化の危うさ、という三つの危うさを常にはらんでいる。

①民間人が殺されることによる敵の増大という危うさ

現代の戦争においては、兵器の破壊力増大により戦闘には無関係な民間人が殺されたり、負傷させられたりする場合が飛躍的に増加している。

これは、とりわけゲリラを敵とする戦いの中で生まれてきた現象で、制服を着た軍隊だけを敵として戦うのではない場合は、敵の識別が難しく、あるいは誤爆によるなどの形で、多くの民間人を殺しながら、そうした犠牲を「付随的被害（collateral damage）」として軽視してきた。

しかし、家族や友人を誤って殺された民間人は、殺人を犯した軍隊への憎悪を強める。その結果ゲリラに参加するなど、敵となる者の数を増やすという現象が生まれる。この傾向は、アメリカのヴェトナム戦争、アフガニスタン、イラク戦争で引き続き著しい特徴となっている。また武器の技術的進歩による殺傷力の増大により、誤爆による民間人の犠牲が増え、それが対米憎悪をかりたてているという結果を生んでいるのだ。

②殺人を命じられた兵士自身の人間破壊による危うさ
かつて、米兵がヴェトナム人を「グーク」とよんで蔑んでいたように、兵士たちは、特にゲリラに対する場合、その敵を人間以下のものとみることによって、殺人を犯すことへの罪悪感を弱めていた。しかし、人権意識が普及したことで兵士は、人を殺すこと、特に民間人を誤って殺すことについての罪悪感が強くなった。その結果として、戦場で人を殺した兵士が精神障害に悩む事例が著しく増えている。また、イラク、アフガニスタン帰還兵のその後を扱った『冬の兵士――イラク・アフガン帰還米兵が語る戦場の真実』（アーロン・グランツほか、

岩波書店、2009年）によれば、そのような戦場の矛盾に耐えられず、2006年だけでも5361名の現役兵が米軍から脱走し、9・11以降の5年間で合計3万7000名近くが脱走した（262頁）。また戦場体験を持つ帰還兵たちの間では、敵は相手の軍隊やゲリラではなく、「戦争そのものが私たちの敵なのだ」と理解する傾向がみられるという。

また、脱走できずに人格を壊された兵士が、さまざまな犯罪に手を染める事例も後を絶たず、基地周辺の犯罪増加はこうした事実を裏づけている。これも深刻な問題である。

日本では、基地が集中している沖縄にこの集中的被害がみられる。しかし、こうした米兵による犯罪が、「行政協定」「地位協定」❖とその背後にある密約により、日本の裁判によって十分には処罰されずにきた点については、後で詳論する。95年、全沖縄を怒りに巻き込んだ3人の海兵隊兵士による少女暴行事件もその象徴的事例である。この3人の海兵隊員の一人は、刑期を終えて帰国したが、その後に女子学生を強姦殺害し、自殺したという報道がなされている。

兵士が直面するこうした問題を一部回避するため、アメリカでは戦争の民営化を推し進めている。すなわち、戦闘行為を民間会社に請け負わせ、私的契約によって殺人を行わせるものだ。

❖**日米地位協定**
旧安保条約の下で行政協定が果たしてきた役割を60年安保条約の下で果たすための協定。

国家の行為としての戦争の場合だけに兵士の殺人の違法性が阻却されていることを考えると、民間企業の戦闘参加は、国外における殺人行為を私企業に行わせることになり、国際法上重大な問題を含んでいる。

しかし、この問題は、なぜ兵士なら、殺人が認められるのかという新しい疑問を生み出す契機ともなりうる。つまり、国家が行うもう一つの合法的殺人としての死刑が広く多くの国で問われ廃止されていることから考えれば、戦争による殺人が合法性を持つかも問題にされるべきであろう。

③報復のグローバル化・日常化の危うさ

対ゲリラ戦の際の誤爆等による憎悪の増大については、すでに①で述べたが、グローバル化した現代においては、その報復がその戦場や特定地域で行われるだけでなく、世界中を覆い尽くすことになる。そして、「どこで」「誰に対して」「どんな方法で」テロが行われるのか、予測することは非常に困難である。人間の移動が自由となり、小型の武器で多くの人を殺せるようになった今、どこで誰がどのような形でテロにあうかわからないという状態になっている。

この危うさを防ぐには、先ほど述べたように、スペインのサパテロ政権がイラクから撤兵したことによって、テロの危険から免れたように、武力行使に加担することをやめる以外にない。

＊　＊　＊

本節では、軍隊経験者としての私の視点を通して、今日の武力による抑止の問題をどうとらえるかについて、戦前と今日の違いと共通性の検討を含めて、説明を加えてきた。

次節以降では、今まで述べてきた枠組に従って、戦後日本の今日にまで至る武力による抑止の問題を、歴史的流れに沿って検討する。憲法9条の下での自衛隊および軍事同盟は、戦前の軍隊とどのような形で断絶し、どの点で共通性を持っているのかを歴史的変化の中で具体的に明らかにすることが必要だからである。

そこでの問題点は、①旧日本帝国軍隊がどうなったのか、②占領および駐留軍がどのような役割を果たしたか、そして、③新しく作られた自衛隊はどのように機能しているか、という点である。

2 占領下の非軍事化・民主化

◇敗戦による帝国陸海軍の消滅

ポツダム宣言受諾による日本の降伏は、まず、旧日本帝国軍隊の解体で特徴づけられた。そして、その軍隊の支配下にあった総動員体制のもとで全社会的に軍事化されていた日本社会は、占領軍という絶対的な武力のもとで「非軍事化」されることになった。

この非軍事化の意味を明らかにすることは、占領軍の位置づけを明らかにするために必要であり、後述する自衛隊と旧帝国軍隊との関係を考える上でも必要なことである。

武力による非軍事化は、占領軍の初期占領政策の中での強制による民主化と同じく、矛盾した面を持っていた。しかし、それが広く国民には矛盾と感じられず、非軍事化・民主化ともに歓迎すべきものとして、占領軍は解放軍として多くの日本人に受け入れられた。

それは、敗戦に至る軍国日本が、徴用による強制労働や憲兵・特高という権力による言論の自由や基本的人権の無視が広く国民の不安と不満を引き起こしていたことに対する反動によるものであった。

◇帝国軍隊はどの程度まで消滅したか

戦前の日本では、全社会を軍事的価値が支配して、その中心的担い手が軍隊であったが、旧軍隊の中でも、陸軍と海軍とでは違いがあった。それには歴史的背景も関連している。陸軍は、最初はフランス陸軍にならい、後にプロシア陸軍を模範としたのに対し、海軍は英帝国海軍を模範とした。そのことに伴う文化の違いは、陸・海軍の間で明確であった。海軍は、練習艦隊の海外派遣などの機会に海外に出ることが多く、これに対し陸軍では、在外公館での駐在武官になる以外に国境を越えることが少なかったので、より排外主義に陥りやすかった。海軍には日英同盟の伝統をひく要素が強く、陸軍のほうは日独枢軸に傾きやすいという違いもあった。

このような陸海軍の違いは、次に述べる崩壊のしかたとも関連してくる。すなわち陸軍における表面的には全面的崩壊、海軍ではより多くの連続性という違いである。すなわち陸軍の場合には、一部に占領軍に協力する者がいたし、特に反共を重視する占領当局の一部との協力や、731部隊❖の資料提供、その他情報面での協力があったが、それは一般に知られない関係であった。特に国民意識の中

❖**731部隊**
旧日本陸軍が細菌戦の研究・遂行を目的として1933年に設置した特殊部隊。本部はハルビン。中国人・ロシア人捕虜などに対し生体実験・生体解剖を行うなど、多くの犠牲者を出した。正式名称は関東軍防疫給水部本部。部隊長は石井四朗(陸軍軍医中将)。

でみれば、憲兵政治など軍国支配の中枢にあったのが陸軍であったため、国民の憎しみは主として、陸軍に向けられていた。

敗戦後、物資のない中で復員軍人は、軍服を着て日常生活を送らざるをえなかったが、陸軍の軍服はカーキ色で目立ち、海軍は紺色で学生の制服とあまり区別がつかなかった。そのため、私のような陸軍からの復員軍人は、海軍より目立ち、市民からの憎しみの視線を感じることが多かった。

陸軍が武装解除・復員という形でほとんど完全に消滅したのに対して、海軍の場合には、武器は除去されたが、海外からの復員業務は敗戦後も必要であったので、そのための要員は復員が終わるまで仕事を続けることになった。こうした事情もあり、自衛隊が生まれた時にも、陸上自衛隊（その最初の形は警察予備隊）はまず旧陸軍を排除し、指揮官も警察出身者があたり、後に漸次旧軍人も採用されるようになった。それに比べて海上自衛隊は、当初から旧海軍との連続性が人的にもより明らかであった。

◇冷戦下の事実上の再軍備

初期占領政策にみられた、日本の非軍事化・民主化の特徴は、やがて冷戦下での逆コースに向けて変化を始めた。特に軍事化の面では、1949年中華人民共和国の成立、50年朝鮮戦争の勃発などの影響を受け、同年には警察予備隊という名の再軍備が始まる。

軍隊という形式をとらないこの軍事的組織は、保安隊という名を経て、講和後の54年に自衛隊という名で、より軍事的性格を明らかにする。

ちなみに自衛隊になった時に、参議院では「海外派兵を行わない」という決議を全会一致で行っている。その後、憲法9条が存在する中での軍事的組織は、野党からは違憲の存在として長い間拒否されてきた。また、合憲と解釈する場合も、自衛権の行使に必要な専守防衛を任務とするという限定を設けた存在であり続けた。

ところが、その後の1990年代以降、PKO❖という名による海外派遣も始まり、米軍への従属性を強める中で事実上、憲法の枠を超える危険性をはらむようになり始めているが、その点については後に論ずることとする。

ただここでは、自衛隊が憲法下で日陰者として扱われる傾向があったことを考える場合、大正デモクラシーの軍縮風潮の中で軍人が日陰者として日常的には軍服を着るのを避けていた時代から、昭和恐慌後わずか20年ほどで軍国日本へと急速に変化していったことを想起する必要がある。あわせて、戦後日本本土内での軍事化がゆるやかであったのは、米軍が沖縄を太平洋の要石として自由に全面的

❖PKO
国連平和維持活動。国連が、紛争当事国の要請と同意を前提として、加盟国が自発的に提供した部隊・人員を現地に派遣して行う活動。紛争の拡大の防止、休戦・停戦の監視、治安維持、選挙監視などにあたる。

に使用できた、ということと不可分の関係にあったからであることも忘れてはならない。

さて、旧日本帝国軍隊の解体は、実は占領軍というより優越した軍事力によるものであった。したがって旧帝国軍隊から解放された日本国民は今度は占領軍という軍事力の支配下に置かれることになった。そしてこの状況は条約上主権国家になった講和以後も駐留軍という違う名前によって継続することになった。

3 占領(駐留)軍という軍事力の危うさ

◇占領軍による犯罪

軍国主義時代への憎悪が強かった戦後、日本人は自国の軍事力に伴う危険からは完全に自由になったことを歓迎した。またその時期の非軍事化が、憲法9条という形で規範化されたため、再軍備が始められても人々は、軍事的組織そのものに伴う危うさを感じることは少なかった。

これに対して、占領当局として絶対的権力を持った占領軍の要員による犯罪は、日本の警察権力の権限が及ばない形で、また報道規制によって一般に知りえない形で社会的な脅威となった。もちろん、日本占領（沖縄を除く）は法的には米軍の単独占領ではなく、「連合軍」によるものであり、ワシントンDCの連合国代表で構成される極東委員会および、東京での対日理事会［▼コラム3参照］によって少なくとも建前の上では規制されていた。

しかし、現実には米軍による圧倒的な支配は、結局彼らの自己規制による以外には何らの制約を受けないものであった。とりわけ軍人による強姦等の性犯罪は、故郷を離れた兵士には不可避なものとして広く問題となった。

また犯罪ではないが、占領軍の兵士に対する売春の横行は、基地周辺での風紀の頽廃をも生み出すものとなり、その結果生まれ、遺棄された子どもたちもまた大きな社会的問題となった。

◇講和後、安保条約・行政協定下の問題

講和条約によって、それまで日本の警察の取り締まり権限外にあった米軍兵士の犯罪も、占領軍が駐留軍となることによって、日本の主権下に置かれることになるはずであったが、現実は占領下とそれほど変わらなかった。講和条約と同時に締結された安保条約第6条によって、米軍は「日本の安全に寄与し、並びに極東における国際平和と安全に寄与するため」に、駐留を続けることになった。

このような形で米軍基地が残り、そこに軍隊が駐留することは、憲法9条で明らかにされた「非軍事的平和主義」を空洞化させただけでなく、現実に日本国民の生命や身体の安全を脅かし、財産権に制限を加えるなどの犠牲を強いることとなった。

行政協定によって米軍関係の犯罪の中で、①公務以外の犯罪、②米軍の家族の犯罪については、第一次裁判権は日本側にあるとされていた。しかし日米の密約によって、特に重大なもの以外は日本側は第一次裁判権を行使しないことになっていた。加えて、講和条約により沖縄は、米軍の直接統治の下に置かれたままになった。

米軍兵士が起こした犯罪では、1957年、群馬県相馬ヶ原の米軍演習場で、W・ジラード三等特技兵が空薬莢を拾いに来ていた46歳の女性を射殺したジラード事件が有名だ。これは過失ではなく、明らかに故意による殺人であったため世論で問題視され、日本側で裁かれることになったが、懲役3年執行猶予4年の判決となり、ジラードは3週間後に帰国した。

それから40年余り経った1995年9月4日、沖縄県北部で、女子小学生が3人の海兵隊員に強姦されるという、あまりにもひどい事件が起こった。そして、全沖縄を怒りの渦に巻き込んだことは記憶に新しい。

沖縄県警の1998年の統計によると、本土復帰後の26年間に米軍人、軍属、家族による凶悪犯罪（殺人、強盗、放火、強姦）は656件に上る。うち強姦は128件であるが、犯罪の性質上、実数はこれを上回るとみられる。

防衛施設庁の統計では、米兵が起こした刑事事件は1985〜94年の10年間で2064件であり、そのうちの約25％が沖縄で発生しているという（梅林、2002年、179頁）。

犯罪を起こした米兵については、地位協定17条に規定されているとおり、「公務中の場合は、アメリカに裁判権がある」という「公務の壁」がある。また、公務外で第一次裁判権が日本側にある場合でも、基地の中に被疑者がいれば、それを拘束できない「身柄の壁」が問題になっている。

これらを含む旧安保条約の下での行政協定、さらに60年に改定された安保の下での地位協定については、しばしば改定が問題になっているが、その実現に至らないまま、その時々の世論の動向によって、米軍の「好意的配慮」による運用を期待する以外にないという事態が現在まで続いている。

◇米軍用地に伴う問題

冷戦の激化に伴い、在日米軍が朝鮮戦争に出撃するようになると、米軍用地にかかわる土地問題が社会的問題となる。

1952年、日本政府が米軍の意向を受けて石川県内灘村の砂丘地に砲弾試射場を建設することを県に伝えたことから、「金は一時、土地は万年」をスローガンに漁民たちの反対運動❖が始められた。一時は村議会、県議会でも反対の意思表示がされたが、政府は期限つきということと、補償金支給によって村議会の同意をとりつけ、射撃訓練が開始された。そして、朝鮮戦争終結後の57年に全面返還となった。

また1957年には、東京都にある立川基地の拡張のため、調達庁（後の防衛施設庁）が測量を始めた。それに対し、地域の農民を中心として基地反対同盟❖が結成され、反対運動を展開。それに労働組合員、学生団体が支援者として加わり、測量阻止の闘争を繰り広げた。

その際に、25人が基地内に入ったとして、行政協定に伴う刑事特別法違反の疑いで逮捕され、7人が起訴された。しかし、その後の59年、東京地裁の伊達秋雄裁判長は、「安保条約・刑事特別法は違憲」として無罪の判決を下した。

それに対し、マッカーサー駐日アメリカ大使が外務大臣に「早く処理をするように」と圧力をかけ、検察が最高裁に跳躍上告。最終的には63年に3000円の罰金刑となった。

❖**内灘村反対運動**
詳しくは第3章およびコラム13を参照。

❖**砂川基地反対同盟**
詳しくは第3章および参考文献（星編、2005年）を参照。

なお最近の資料でマッカーサー大使は、最高裁の田中耕太郎長官にも圧力をかけたということが明らかになっている。結局、基地拡張は美濃部革新都政の成立とも関連して、最終的には断念されることとなった。

また、1955年から北富士米軍演習場に対する入会地返還運動❖が忍野村忍草農民を中心に展開され、特に「忍草母の会」の女性たちによる着弾地への座り込みや、「VOM（Voice Of Mothers）」の放送による米兵に対するヴェトナム反戦の呼びかけなど、創意に満ちた戦術による運動が続けられた。

一方、米軍の直接統治下の沖縄では、特に問題は深刻であり、「銃剣とブルドーザーによる土地収用」が続いた。こうした米軍の圧政に対し、1950年代の後半には「島ぐるみ闘争」といわれる反対運動が、沖縄県民によって繰り広げられた。

❖**入会地返還運動**
詳しくは参考文献（忍草母の会事務局編、2003年）を参照。

◇軍事力（基地）に伴う騒音・事故

米軍基地の問題は、前述のような土地問題だけでなく、騒音問題などの公害をも引き起こした。そのため周辺住民からは、生活権を守るために「夜間飛行差し止め」と「被害に対する損害賠償」などを求める訴訟が起こされた。具体的には、1976年に横田基地訴訟、続いて厚木基地訴訟（76年）、嘉手納基地訴訟（81年）

と同じような訴訟が相次ぐこととなる。

嘉手納の場合、1994年2月の一審判決では夜間早朝の飛行差し止めについては請求を棄却し、損害賠償については住民の受忍限度を超える被害があると、請求を容認するものとなっている。横田・厚木基地訴訟でも93年2月25日の最高裁判決で、飛行差し止め請求棄却、損害賠償については認容という結論が出され、その後下級審もこれに従っている。しかし、騒音に関する違法状態は現在まで解決されない状態が続いている。

また、基地に核が持ち込まれる恐れがある点については、非核三原則との関係で問題となったが、これに関する密約が存在することは、最近公にされたところで明らかである。

米軍キャンプにかかわる犯罪では、出撃を前にした米軍兵士が集団で起こした「小倉キャンプ事件」がある。1950年7月2日、福岡県小倉の城野キャンプから、自動小銃や手榴弾で武装した黒人兵250人が脱走、24時間にわたり地域の住宅を襲い、強盗・傷害・婦女暴行など70件以上の事件を起こした。

この点に関しても、全国の基地の4分の3が集中している沖縄では、復帰前後を問わず、今日においてもなお特別な危険にさらされている。

2004年8月13日、宜野湾市の沖縄国際大学構内に普天間飛行場所属の大型ヘリが墜落した事故は誠に幸運なことに、負傷者を生むことはなかった。しかし、基地の外にもかかわらず、警察さえ現場に立ち入ることを米軍によって阻止されたという大きな問題を残し、全沖縄に衝撃を与えた。これは沖縄市民の記憶にある、1950年燃料タンク落下による少女圧死、59年石川市宮森小学校への戦闘機墜落による生徒11名を含む死者17名、重軽傷者121名という大事故、65年トレーラー落下による少女圧死、69年B52爆撃機の嘉手納基地での墜落炎上など、数多くの事故を思い起こさせたからである。

このほか基地に伴う水質汚染、土壌汚染などの問題もあるが、これらについては情報公開に関する困難性の存在が事態の究明さえも妨げている。

核事故の危険性もたえず、深刻なものとして存在し続けている。たとえば、1985年5月になって明らかになったことだが、65年12月5日に沖縄近海で空母タイコンデロガの艦載攻撃機が水爆を積んだまま、海中に落下して水没した事故があった。同空母はその2日後に横須賀に寄港。またその後も繰り返し、横須賀に寄港した。

さらに90年6月20日には、核攻撃任務を持った最初の軍艦とされた空母ミッドウエーが房総半島沖約130キロで爆発、乗員3名死亡、15名負傷という事故を起こした。これは爆発箇所のすぐそばに核兵器貯蔵庫とみられる弾薬庫が位置していたという極めて危険な事故であった。

4　米軍世界戦略のための基地化と自衛隊の従属的な一体化

◇日本は「いつでもどこでも」米軍に協力

安保条約は、本来冷戦体制を前提としたものであるから、冷戦が終わるとともにその任務を終えたはずであった。ところが1996年、クリントン・橋本の「日米安全保障共同宣言」から97年の新ガイドライン❖（日米防衛協力のための指針）、99年の周辺事態法、さらには01年の9・11を経た後の05年10月29日、日米外務・防衛両大臣の（いわゆる2＋2）「日米同盟：未来のための変革と再編」に至る過程で、対象が極東からアジア・太平洋地域に、さらには世界へと拡大した。そしてその協力の理念の面でも、アメリカの軍事戦略にすべて従属することとなった。

こうした状況を、まずはアメリカの側の変化からみていきたい。

①「全域にわたる支配」の戦略

冷戦後の米軍の戦略としては、2000年5月に統合参謀本部長名で発表され

❖**日米新ガイドライン**
「日米防衛協力のための指針」の通称。日米安全保障条約の運用についての最高の議決機関である日米安全保障協議委員会（1997年9月23日・ニューヨーク）で合意された日米政府間合意文書。「日本有事」「周辺事態」に対処するための日米の軍事分担のあり方を取り決めたもの。

た「統合ヴィジョン２０２０」が「全域にわたる支配（full-spectrum dominance）」という新しい戦略目標を示した。これは非対称的な敵対者を考慮したもので、「米国の陸海空軍の統合された能力によって、軍事作戦の全領域にわたって、いかなる敵対者をも打ち負かし、いかなる状況をも支配下に置けるよう」な「新しい軍事能力」を開発しようとするものであった。その後、01年の9・11事件以後、「対テロ」戦争を全面展開する中で、このような「非対称的」な敵対者への戦略は、対ゲリラ戦の中で具体化されることになる。

②１９９６年以降、日米軍事的一体性の強化

そして、96年「日米安全保障共同宣言」以後、強められていた日米の軍事的一体化の方向は、01年の9・11事件からアフガニスタン、イラク侵攻を経て、05年の「日米同盟：未来のための変革と再編」によって、より決定的となる。その場合の鍵となる言葉は「自衛隊と在日米軍との間の連続性、調整及び相互運用性の不断の確保」という点にある。

そこでいう「連続性（connectivity）」とは単に二つのものが接続するというのでなく、一つのものとなり、その両者の間に相互運用性（interoperability）が確保されるということは、一つの作戦計画の下に統一した運用がされるという、はなはだ

しい従属性を意味することになる。

③日本も対テロ戦争に巻き込まれている

そして、その目的はもはや安保条約でいう日本や極東の安全と平和ではなく、「アメリカがいかに敵対者を打ち負かすか」ということが戦略目標になってくる。

これを敵との関係でみれば、冷戦期には、東側陣営という目にみえる特定の敵が想定できたが、現在では、目にみえない非対称的な敵のテロに、日本は米軍とともに脅かされるということにもなりかねない。

◇海外に出る自衛隊

このような冷戦後の日米軍事協力を、日本国内の政治情勢からみてみよう。すなわち日本は、湾岸戦争後に、「湾岸戦争で金だけ出して、人を出さなかった」という国際協力の強迫観念を利用して、ＰＫＯ協力法を成立させた。そして次々と、自衛隊の海外派遣を推し進める結果を導いた。

そうした事態の前提を考えてみると、冷戦終結による東西対立の消滅が大国による武器の第三世界への大量輸出を促し、それが第三世界における、いわゆる「低強度紛争」の可能性を増大させたことが背景にある。こうした中で湾岸戦争が起こり、「金を出したが人を出さない」という、ある種のトラウマのような意識が政治家に利用されたわけだ。

また、1991年に上程されたPKO法は、海部俊樹内閣の時に成立しなかったが、同じ年の宮沢喜一内閣の下でPKO協力法案として強行採決される。こうした状況を受け、シンガポールの『ザ・ストレーツ・タイムズ』紙などが「日本の軍隊がまた出てくるというのはとんでもない話だ」等の論説を書くなど、アジア諸国は日本の侵略戦争を想起し、警戒感を露わにした。

にもかかわらず、日本は91年にペルシャ湾へ掃海部隊を派遣、92年にはカンボジアに、そして92〜94年には東チモールに自衛隊を派遣した。こうして、日本国内では、自衛隊が海外に出ていくことに何の抵抗も感じないという状態になっていく。

93年に小沢一郎が「日本改造計画」で、「自衛隊利用による積極的平和主義」を定義した。これは、日本が国連中心主義の名による海外派兵に大きく軸足を移すことを示している。

1954年に自衛隊が誕生した際、自衛隊法の成立と同時に「自衛隊の海外派兵出動をなさざることに関する決議」を参議院において全会一致で議決したが、こうした考え方は、いつの間にか「時代遅れの一国平和主義」として、批判の対象になってしまった。

◇米軍再編下の変化と軍事協力

それでは次に、米軍再編下における変化と、自衛隊の軍事協力についてみてみたい。安保条約でいう「極東」という範囲を超えた、広い領域を作戦対象とする米陸軍第一軍団の新司令部がキャンプ座間に移転する決定がされると、それにあわせて陸上自衛隊の海外派遣司令部となる中央即応集団も座間に移転した。

一方海上自衛隊では、アメリカが自国を守るためのミサイル防衛システムに日本が巻き込まれて、このシステムを担うためのイージス艦を6隻まで作らされることになった。

このように米軍の再編に伴い、日本では集団自衛権の可能性が既成事実として進行することとなった。

1996年4月、橋本・クリントンの「日米安全保障共同宣言」では、日米同盟の目的を「アジア・太平洋地域の平和と安全の維持」とした。これはすなわち、それまでの安保の範囲が「極東」であったのに対して、日米安全保障共同宣言ではその範囲が「アジア・太平洋」にまで拡大されたわけだ。

「極東」という概念は、国会でしばしば問題になったが、94年3月30日の衆議院予算委員会における政府答弁によれば、地域的にはフィリピンから北、グアムから西、北朝鮮は対象外ということで、かなり限定的にみられていた。しかし、それが、「アジア・太平洋地域」へと、その概念が拡張された。

しかし、それだけではない。この共同宣言には、「周辺事態」という新しい概念も出てくる。これは、日本周辺地域において発生しうる事態で、日本の平和と安全に重要な影響を与える場合において、日米間の協力に関する研究が必要であるとして、新たに作られた概念だ。

そして97年の「新ガイドライン（日米防衛協力に関する指針）」では、この「周辺事態」がその中に取り込まれることになった。つまり、日本に対する武力攻撃だけではなく、日本の周辺地域における事態に対しても対処することになった。さらに、政府の解釈によれば、周辺という概念は「地理的なものでなく、事態の性質に着目したもの」とされており、「新ガイドライン」では地理的に何らの限定もつかないことになった。

そして、それが99年5月に「周辺事態法」として法律で裏づけされた。ガイドラインは日米防衛に関する小委員会で作られたが、小委員会は日米の外相と国防大臣で構成される日米の共同防衛に関する協議委員会（いわゆる2＋2）、の下部組織である。そのように実務者レベルでガイドラインは作られ、それを基礎にして

「周辺事態法」は閣議決定され法律となった。

しかし、これはたいへんおかしな話である。すなわち、「実務レベルの既成事実が政策を決定する」という倒錯現象が起こっている。これがこの過程の一つの重要な特徴である。

つまり「周辺事態法」では、「アジア・太平洋」という地域的拡大だけではなく、そもそも「周辺事態」という概念自体が空間的な限定を持たなくなるということと、それに加えて、自衛隊の米軍に対する協力の程度が、「全面的な協力」へと移行しており、自衛隊の米軍への従属化が一層進んでいくこととなった。

しかもそれは、自衛隊の従属化の問題だけに止まらず、その軍事化が市民レベルまで下りてくることになる。すなわち、国民保護法❖や2003年の武力攻撃事態法❖などのいわゆる有事立法では、市民や企業、自治体が、有事の際に協力することを義務づけており、その結果、軍事化が市民レベルまで及んでいる。

このように日本の軍事化は、海外派兵という形で自衛隊の米軍への従属化が進むと同時に、他方では市民レベルにまで浸透していくというのが特徴である。最近における変化として注目すべき点として、一つは自衛隊法の改正で、国際協力が従来は最後につけ加えられていたのに、自衛隊法3条の主な目的の中に入ってきたこと、もう一つは自衛隊法103条で市民の協力を求める条項があったが、

❖国民保護法
「武力攻撃事態等における国民の保護のための措置に関する法律」の通称。日本が外国から武力攻撃を受けた時の政府による警報の発令、住民の避難誘導・救援などの手順を定めた法律。2004年成立。

❖武力攻撃事態法
「武力攻撃事態等における我が国の平和と独立並びに国及び国民の安全の確保に関する法律」の通称。武力攻撃事態等への対処について定めた法律。武力攻撃事態・武力攻撃予測事態について定義し、国・地方公共団体・指定公共機関の責務、国民の協力、および事態対処法制の整備について規定している。2003年施行。

そこに罰則が加えられるようになった。これによって、いわば臨戦体制ができあがったということになる。

歴史的に振り返ってみると、1963(昭和38)年に、その「三八」にちなんで、「三矢《みつや》研究」というのが行われた。これは、戦争が勃発した際のシミュレーションを研究するものだ。具体的には、自衛隊の制服組の中堅幹部が、朝鮮半島の戦争が日本に波及するという想定の下に、自衛隊の行動や緊急立法などの国内体制の整備について図上研究した。それが65年に暴露され、関係者が処罰されるという事件が起こった。

それから、1978年には栗栖弘臣統合幕僚会議議長が「有事の際には超法規的なことをやらなければいけない」という発言をして、これまた処罰されるという事件もあった。

こうしたことは氷山の一角にすぎない。まさに、長年にわたって考えられてきた「戦争のできる国内体制」というものが、この武力攻撃事態法に代表される有事法制というものの整備によって、ついに完成したということができよう。このような日米軍事同盟体制の発展過程の中で自衛隊自身の性格はどのように考えられるか。

◇自衛隊はどうなるか

前述のような今の傾向に対する根本的見直しがされないかぎり、自衛隊が日本国家の独自の軍隊として、米軍への従属から自由になる可能性はない。

アメリカは中国に対して、「安保はビンのフタとして、日本の軍事大国化を抑えているのだ」という説明してきた。自衛隊は今後も、「ビンのフタ」を外して、独自の強力な軍隊となる可能性は極めて少ない。

もちろん、日本政府が安保に手をつけず、憲法9条を変えるということになれば、米軍と協力してどこででも敵を殺す従属的な「軍隊」となる。また、明文改憲がなくても、解釈改憲で集団的自衛権を始める場合にも、同様の事態が予想される。

他方では、有事立法によって自衛隊が国内で活動する場合、自治体、企業、個人が自衛隊への協力義務を負うことが明らかになってきた。そしてその義務違反には罰則がつくようにまでなった。このことは、自衛隊の日本社会での位置を考える時非常に重要な変化である。

5　自衛隊の現状と政治的位置づけ

◇自衛隊の現状

このような変化した状況の下にある自衛隊の政治的位置について、もう一度振り返って整理しておこう。確かに9条の制約の下にあるから、自衛隊は直接人を殺してはこなかった。そのことが、自衛隊の既成事実による軍事化の進行に対する警戒を怠らせることにつながったことがたいへん重要だ。

自衛隊は、直接的には人は殺していないが、すでにインド洋で給油した他国の軍艦が人を殺しているし、それからイラクで航空自衛隊が運んだ兵士や武器によって人殺しが行われている。しかし、そうした間接的な殺人を行っている自衛隊の現況について、必ずしも十分に注意が向けられていない。もちろん軍事機密という名目によって、情報公開が行われないということが、その大きな原因であるが、ここではわかるかぎりで自衛隊の現況を考えていく。

警察予備隊からできた陸上自衛隊の問題から考えてみよう。陸上自衛隊は意識的に旧陸軍と断絶するということで、少なくとも最初は旧陸軍の指導者を採用せずに、トップは警察官僚を使って旧陸軍と区別するという努力をした。旧陸軍の将校団体は偕行社❖という親睦・互助組織を持っていた。これは九段の軍人会館（現・九段会館）を所有していた非常に強力な団体だ。戦後偕行社はＧＨＱによって解体され、一時、活動を完全に停止していたが、１９５７年に厚生省所管の公益法人偕行会として活動を再開する。偕行会は、戦後補償の問題にかかわるということで、厚生省所管になったわけだ。その後２０００年に、防衛庁の所管になり、07年には寄附行為の一部を改正して旧陸軍関係者だけでなく「陸上自衛隊殉職隊員の慰霊等陸上自衛隊に対する必要な協力を行い、あわせて会員の互助親交を図る」ことを目的に加えた。11年1月1日現在、会員数９７２５名のうち元幹部自衛官は１３６２名となっている（吉田裕、２０１１年、２２９〜２３０頁）。

他方、当初は排除されていた旧陸軍将校も、警察予備隊から保安隊になり、自衛隊になる過程で自衛隊に数多く入っていき、次第に旧陸軍との連続性が回復されるようになった。偕行会の変化がそれを象徴しているわけだ。

この偕行会の会長は、イラク派遣部隊の隊長であった佐藤正久が２００７年の参議院選挙に立候補した時に、その後援会長にもなっている。佐藤正久は自民党全国区で25万票を獲得し、14人中6位で当選した。選挙中には、要職にある1佐5人と、幕僚長など現職7人が46万円の献金をしている。選挙に先だち、佐藤はまず幹部学校の主任教官を務めて、04年10月〜12月の間、39回にわたって巡回説

❖偕行社
１８７７（明治10）年に創立された、陸軍将校の親睦および学術研究を目的とする団体。第二次世界大戦後に解散したが、のち親睦団体として復活。

明ということで講演をして歩き、07年1月に自衛隊を辞任して立候補を決定。その後7月11日の公示までの間に、自衛隊の部外講師として65回もの講演を行った。そして、その著書を防衛省が4480冊購入して、556万円支払った。

それに加えて、佐藤正久は自衛隊関係者を主要読者とする発行部数250万の『朝雲新聞』に連載を持ち、その執筆は10回に及んだ。

このように、陸上自衛隊の全面的な支援のもとに佐藤正久は当選を果たしている。これが今後どういう政治的な意味を持つか十分に注目しておく必要がある。

一方、海上自衛隊だが、これは陸自よりも連続性が強く、帝国海軍の伝統を引き継いでいると自ら誇っている。それは技術的な理由にもよる。すなわち、一つは敗戦後に旧占領地から復員軍人を運ぶ必要があり、そういう輸送業務にずっと携わっている人がいたという意味で連続性がある。そして今度は朝鮮戦争になると、掃海事業をやらなくてはいけないということになった。とにかく海軍の伝統はずっとそのまま続いていると自分たちも認めている点は、陸自との違いを示している。

航空自衛隊については、戦後「新しい統一した航空自衛隊を作るのだ」ということがいわれていた。かの田母神俊雄❖などは「自衛隊は栄光ある日本軍の末裔である」と言っているが、しかし空自は、旧陸海軍との連続性がないわけではない

❖**田母神俊雄**
1948年〜。航空自衛隊幕僚長当時「日本は侵略国家であったのか」と題する文章を、懸賞論文に応募。2008年10月に最優秀賞に選ばれたが、その内容が政府統一見解から大幅に乖離していることなどから、幕僚長を解任された。この事件は文民統制や言論・思想の自由の問題から議論をよんだ。

が、それほど強いとはいえない。

また空自については、周知のとおり、イラク派兵で米軍に「無料タクシー」といわれたように、その輸送業務を担っていた。そして、こうしたイラクにおける後方支援活動は、2008年の名古屋高裁で違憲判決を受けた。ちなみに、1962年に航空幕僚長であった源田実❖が参議院選全国区で70万票を得票し、参議院議員に当選している。源田は敗戦前の戦闘機部隊指揮官の生き残りということもあって票を集めたわけだ。

❖今日における自衛隊の問題

2010年12月閣議決定された「防衛計画の大綱」では「動的防衛力」という新しい方向をうち出した。1978年以来維持されていた「基盤的防衛力」という考え方からの変化を示すものである。「基盤的防衛力」は専守防衛という考え方に従って、日本の領土内での防衛を中心としていたのに対して、この新しい方向が、日米同盟の下で海外派兵の要請にも応ずるものと解されるとすると、それは集団的自衛権を認めるという憲法解釈上の問題ともなる。

この新しい「動的防衛力」が実際にどのように運用されるかに対しては十分に注意する必要がある。この運用を左右する内的要因として注目されるのは自衛隊

❖源田実
1904(明治37)～1989年。1941年に第一航空艦隊参謀として真珠湾攻撃の作戦計画を立案。45年には、第343航空隊司令として紫電改部隊を率いた。海軍大佐。戦後は航空自衛隊に入り、59年に航空幕僚長。62年には参議院議員当選。

の組織構造上の特質である。現在の自衛隊をみると、閉鎖的で組織の自己防衛に専念するという意識が非常に強いようにみえる。旧大日本帝国陸海軍は天皇の直接の統帥下にある組織として、社会に絶対的な優越性を持っていた。自衛隊においては、そのような権威はもはやなくなったが、しかし安保が消極的な聖域をなしているかぎり、米軍との関係もあって、自衛隊はそれなりに聖域化する可能性を持っている。

それはどういうことかというと、たとえばドイツの場合には、議会が外から軍を規制するために、オンブズマン❖の制度を導入している。すなわち、オンブズマンが軍に対して随時情報公開を求めてそれをチェックしており、その意味では組織の閉鎖性が少ないといえる。ところが、日本の場合には防衛機密を旗印にして、情報開示をしないというのが特徴だ。

それから2番目に、「命令服従」という縦の関係が強いことがあげられる。戦前には私的制裁といわれていたが、今日では服務指導という名前のもとに、物理的暴力が相変わらず行われている。このような縦の関係の重視が抑圧委譲の傾向を生み、最下級の自衛隊員へのいじめや自殺を誘発している。

またそれは、時として婦女暴行などという形で、外部社会に矛盾を噴出させる場合もしばしば見受けられる。

❖オンブズマン
「代理人」の意。苦情調査官。役所や公務員の違法行為を見張り、行政に関する苦情を調査・処理する機関、または人。

いじめの典型例としては、2008年9月9日に海上自衛隊の特殊部隊である特別警備隊の隊員養成学校における事件があげられる。これは、特別警備隊の隊員養成課程をやめて潜水艦部隊に異動することになっていた25歳の男性が15人を相手に戦闘訓練をやらされて死亡したという事件だ。

セクハラの事例としては、女性自衛官が北海道航空自衛隊基地で夜間勤務の途中に上官の男性から性暴力を受けて、それを解決するように相談した上司から、逆に退職を迫られて、2007年5月に提訴した事件がある。札幌地裁は10年に、事件後の対応に適切さを欠き違法な措置が行われたとして、原告の訴えを認めて国に580万円の支払いを命じた。それに対して、国は控訴を断念した。

ちなみに、1998年に防衛庁で女性職員1000人を対象に調査をした結果、18・7%が性的な関係の強要を受けたという回答をしており、強姦暴行未遂は7・4%であったという（三宅、2008年、158頁）。

自殺は1994〜08年の15年の間に1162人。10万人あたりの自殺が38・6人で、一般公務員の2倍もあり、特に04〜06年では年間100人を超えている（同書）。

さらに、自衛隊員による民間人への加害事件は数多くあるが、2006年の場合、強姦や強制わいせつ容疑で逮捕された隊員は少なくても5人、迷惑防止条例違反容疑を入れると2桁になるという。本土ではあまり問題にならないが、沖縄では特に自衛隊に対する反感が強いことから、2001年に女性が自衛官に襲われた事件で防衛庁の幹部がわざわざ知事に謝罪に行ったと報道されている。

民間との関係についての典型的な例として、「なだしお事件❖」と「あたご事件」があげられる。1988年に起こった「なだしお事件」では、潜水艦「なだしお」が釣り船に衝突をして、30人が亡くなった。また、2008年に起こった「あたご事件」では、イージス艦「あたご」が漁船に衝突して、漁師の親子2人を殺した。この二つの事件を比較してみると、いずれも軍艦は「自分のほうが強いので、ぶつかっても大丈夫だ」という過信から、釣り船や漁船に十分配慮をしなかったということが明らかだ。その間、20年の違いがあるが、世の中の、少なくともメディアの扱いは、あたご事件のほうがはるかに小さい。もちろん死者の数がなだしおの場合は30人で、あたごの場合は2人という違いはある。また、なだしおの場合には東京湾の中で晴れた昼間、多くの人々のみている前で起こったこと。あたごの場合には、東京湾の外で雨模様の天候で、日の出前という違いがあるが、この20年の間に自衛隊に対する許容度が増したという感じは否めない。

また、この間に技術的な進歩があり、大量に導入されたイージス艦のような新しい技術に対して、人員充足率が低下していることに伴う人手不足、訓練不足、

❖なだしお事件
1988年7月23日海上自衛隊潜水艦なだしおが、晴天の東京湾で浮上航行中、遊漁船第一富士丸に衝突、30名が死亡した事件。18名の生存者中潜水艦に救助されたものが3名にすぎなかったこと、航海日誌が書きかえられたことなども問題とされた。この事件と軍事型発想との関連については、石田雄『平和・人権・福祉の政治学』(明石書店、1990年)87頁以下参照。

あるいは疲労過多などの傾向とも関係しているかもしれない。そのほか技術に依存して自動操作に頼り、それで室外での見張りを怠ったという点も、あるいは技術の進歩という歴史的な変化に伴う特徴かもしれない。

◇社会の軍事化の危険性

アメリカにより世界各地で行われる対テロ戦争という名の武力行使に協力することに伴い、日本がテロの対象となった場合には、それまでは戦争とは遠くで行われていて日本の一般市民とは関係ないと考えられていた状況が、一挙に大きく変わることになる。一般市民を殺すテロリストが隣にいるかもしれないという不安は、国内における社会的規制の強化を安全保障の名において強行することを容易に許すようになる。これは、国家の安全保障が人権尊重に優先するという点で、「国内の戦場化」あるいは「全社会の軍事化」を生み出すといってもよい。

全社会の軍事化を容易にするさらに広い基盤としては、強者の支配を正当化する新自由主義❖の社会進化論的思考による、人間性を無視して目的合理性に従った、支配者の利益追求のための効率至上主義が、軍事と非軍事の区別をあいまいにし始めていることがあることをみておかなければならない。利益追求の目的に従って、軍産複合体は次第に大きくなり、それに伴い産業の中での軍需と民需の区別

❖**新自由主義**
デヴィッド・ハーヴェイによれば「強力な私的所有権、自由市場、自由貿易を特徴とする制度的枠組の範疇内で個々人の企業活動の自由とその能力とが無制限に発揮されることによって人類の富と福利が最も増大する、と主張する政治経済的実践の理論」(『新自由主義――その歴史的展開と現在』作品社、2007年、10頁)。ミルトン・フリードマンはその理論的指導者の一人。

がつきにくくなっている。そしてそれが、武器禁輸の原則を維持することを困難にしている。

また、「戦争の民営化」ともいわれるように、戦争行為そのものに事業としてかかわる企業もアメリカには現れるようになってきている。

他方では、企業組織の能率志向が、極端な短期的利益の追求に偏っていくと、組織運営の非人間化が進行し、それが過労死や精神障害の発生にまで至る。このようにして、企業組織と軍事組織が人間性の破壊という点で極めて類似した性格を示すこととなる。

このようにみてくると、一つの社会の軍事化の危険性は、現実の戦闘がどこで行われるか、という問題ではなく、構造的にその社会が軍事化に対して歯止めをかけているかどうか、という根源的な問題にかかわってくるということになる。したがって実際に重要な点は、「戦場との距離がどれだけあるか」にあるのではなく、「全地球的な軍事化の促進に加担していくのか。それとも軍事化に歯止めをかけ、それを減らす方向に努力するか」という、日常的な行動の問題であるといわなければならない。

そして、そのことは、軍事化に向かわない人間らしい社会の持続的発展のためには、どのような経済体制と組織構造が必要なのかという極めて根源的な問題にかかわってくる。この点を明らかにするために、もう一度今日の従属的軍事化とそれを支える社会の構造について要約しておこう。

◇安保下の従属的軍事化と社会の組織構造

前述のように、日米の軍事協力が深まるようになったのは、一般に安保が聖域として意識されないうちに行われた既成事実の蓄積が、軍事化を促進する手段として使われてきたからである。それを推進しているのは、日米両国の軍産複合体を中心とした政・官・業（または財）が一体化した「安保ロビイスト」ともいえるような勢力である。「公益法人日米文化交流協会」などというのは、そのような勢力が集まる場である。「防衛省の天皇」といわれた守屋武昌が活躍したのは、まさにそういったような場であった。

守屋はたまたま山田洋行との関係で汚職にかかわって有罪となったが、実は山田洋行というのは小さな後発防衛産業企業にすぎない。年間の契約高では山田洋行の50倍以上で、防衛庁との年間契約額が2700億円を超えている三菱重工のような企業は、毎年戦車の受注を独占することによって、諸外国に比べて異常に高い価格での戦車生産を続けている。そのことは、石破茂元防衛庁長官が『国防』（新潮社、2005年）という書籍の中で書いているとおりだ。そして三菱重工の幹部の話によれば、「戦車の生産に携わっている企業は1000社以上にも及び、自分たちはその産業に貢献しているのだ」という。しかし兵器産業はおよそ破壊以外の何物にも役立たない。その意味で、持続的再生産に役立たない産業だという点に注目する必要がある。

これを別の面からみると、今や民間企業と軍事産業との区別が極めて困難になっていて、武器の輸出禁止の規制緩和が問題になっているのも、こうした傾向に由来する側面もある。さらに「戦争の民営化」ともいわれるように、戦争請負企業も現れてくると、こうした面からも軍民の境界が不明確になってくる。

また、軍需関係のみではなく、広く企業組織の構造にも変化がみられ、一般的に組織における効率至上主義による非人間的な管理強化が進められている。これはいわゆる日本的経営の衰退といわれる現象にかかわっており、その原因としては、一方では伝統的な職場連帯の意識が弱まっているという事実と、他方では上からの効率至上主義によって利潤追求を高めていこうという傾向とが一体化したことによるものである。

このような日本の組織に昔からあった重層構造を否定し、そのことによって伝統的な連帯にみられたような、ある種の自主的参加の要素（これはQCサークル❖のように、上から利用した場合もある）が否定されるという点では、ちょうど敗戦直前の

❖**QCサークル**
品質管理のための職場内における従業員の自主管理組織。自己啓発、相互啓発を行い、職場の管理、改善を継続的に全員で行う。

状態と似た面があるといえる。しかし、敗戦直前の状態と違うのは、敗戦前は徴用によって強制的に労働力を動員したのに対して、今日の場合には新自由主義の自己責任論で正当化された形による「不要となった労働力(者)の排除」という点が特徴であることだ。

ただし、何とか仕事に従事している労働者についても、自主的参加を否定し、効率至上主義による管理強化という点では敗戦直前の場合と共通していて、その結果、過労死や自殺、精神障害の増加が起こっている。またその後、労働現場から排除された者たちは路上死を強いられているのだ。

それらを考えると、生産内容における軍・民の区別の不明確化は、組織管理強化という面にもみられる。つまり、民間組織の中での非人間的管理が強まっていくと、軍事組織にだんだん似たものになってくるというのが一つの特徴である。組織内部の非人間的管理強化は、それ自身として軍事化とはいえないが、軍事化への歯止めをなくし、軍事化を容易にする条件となっていることは否定できない。しかも、そのような組織の変化は経済のグローバル化によって、全世界的な規模とつながりを持つものとなっており、その構造が新自由主義およびそれと結びついた社会進化論的な「強い者が社会を支配するのは当たり前だ」という考え方によって支えられているということに注目すべきである。この場合「強い者の支

配」とは経済的な強者を意味すると同時に、軍事的強者の支配を正当化すること
にもなる。
これらについて、要点を整理すると、次の2点になる。
① 軍産複合体の役割の増大などから、軍民の間の領域的区分が困難になってきている点。
② 組織効率の至上視による人間性の否定という点で、組織構造上軍民組織の類似点が大きくなっている点。
これに対抗する方法としては、
① 人間の生活を中心とした経済組織を作り上げることによって利潤至上主義的な経済組織を変えていくこと（生活中心の経済、連帯経済といってもよい）。
② 組織のための人間から人間のための組織に変えること。
このような原則を頭に置きながら、戦後における軍事化に対抗する運動の展開をあとづけることにしよう。

column…6

武器に対する過敏な拒否感

丸山眞男が1960年3月に書いた短文に「拳銃を……《（ママ）》」と題するものがある。アメリカ合衆国憲法修正第2条に人民の自己武装権が認められていることから書き始めて、「全国の各世帯にせめてピストルを一挺ずつ配給して、世帯主の責任において管理することにしたら……」と提言し、「日本の良識を代表する人々につつしんでこの案の検討をお願いする」と皮肉を込めて結んでいる。この提言は、市民の安全について簡単に「国家の安全保障」に委ねてしまう傾向や、他方では「平和憲法」に依存しようとする安易さがあることへの警告としての逆説だと思う。このような逆説的提言をしたのは、日本人の間に、戦争体験の記憶も鮮明で、武器に対する拒否感が強いから、この文章が額面通りに受け取られることはないと丸山が信じたからだと思う。しかし戦争の記憶を持つ人が極めて少なくなった今日、この文章が誤解を起こすのではないかという危惧が生まれてきた。それでは丸山が想定していた武器に対する抵抗感とはどのようなものであったか。私の場合には、特別に過敏な反応で、典型例としては扱えないだろうが、極端な場合としてまず私の体験を述べ、その上で広く日本人一般について考えることとしよう。

2・26事件の直後神奈川県知事から警視総監への転任を命ぜられた父は、ただちに横浜市紅葉ヶ丘の知事官舎から半蔵門の前、今日の国立劇場の角にあった総監官舎に移った。事件中にはこの地域は叛乱軍によって占拠された範囲の中にあったので、転居後2カ月位の間は、危険だからというので私はこの官舎を訪ねることも禁じられていた。しかし小学校6年生の私を、いつまでも両親のもとから離しておくのは可哀そうだと思ったのであろう。やがて私は両親とこの官舎で生活するようになった。毎晩父は寝る時に枕もとに拳銃を置いていた。どうせ陸軍の兵士は機関銃を持っているのだから、そのような拳銃で役に立つわけはない。それでも父は、かなわぬまでも抵抗するためか、あるいは自決するためか、とにかく、使い方をよく知っているとも思えない拳銃を毎晩忘れずに枕もとに置く。そのことは隣で寝ている私にとってはたいへんな心理的負担だった。

2・26事件の時、小学校で3級下の渡辺和子は、父錠太郎（当時陸軍教育総監）が叛乱軍の機関銃で射殺された時、同じ家の内にいて生き残った。このことを知っていた私は、子どもまで殺されることはないと思ってみたが、どうしても不安を消すことができない。やがて夜便所に行くのが怖くなった。電気をつけると、それを目標に機関銃で撃ってくるような恐怖が起こり、電気をつけることができなくなる。

父がまず重い任務の精神的負担に耐えられなくなった。就任以後まったく笑うことのない総監とメディアも報じていたが、笑わないのは公の場所だけでなく、家の内でも同じだった。今日でいえばウツ病とでもいえる状態に陥り、就任して10カ月で辞表を出し、この恐ろしい官舎から原宿の自宅に移ることができた。しかし私の不安状態は続き、夜に眠れないという症状が現れた。官舎にいた時毎晩枕もとにあった拳銃は、どこかに収納されていたが、その存在を思い出させられる機会が時おりあった。それは天皇がどこか遠くに行く時だった。当時は天皇が列車を使う時は、原宿駅の近くの宮廷専用駅を使っていた。その駅を天皇が使う時には、必ず警官が家に来て「お宅は大丈夫と思いますが、任務ですから」と断って、拳銃の所在と弾丸の数を点検する。そのたびに私は、この物騒な武器が我が家にあることを確認させられ、不安を増す。父も拳銃を持ち続けることは不要であるだけでなく、面倒だと感じて、この拳銃を軍用に寄付するという形で、それを持つことの負担から解放されることになった。

それでも不眠が続いていた私は、わずかの風邪がもとで急性腎臓炎になり、1年ほど寝たままの生活を送ることになった。その後（学校は1年留年したが）何とか学校生活を送れるようになり、武器過敏症に伴う不安も解消したように思われた。それだけではなく、当時の論調の影響で、欧米帝国主義から東亜を解放するためとして戦争を支持する軍国青年へと育っていった。

しかし、そのような戦争支持は、「兵隊さんよありがとう」といって、誰かがその戦争のために戦ってくれているのを支持しているにすぎないことに、その時は気づいていなかった。1943年文科系学生の徴兵猶予がなくなり、「学徒出陣」が決められた時にも、まったく異存はなかった。けれども、いよいよ徴兵検査になり、入隊が近づいて、武器を持って自分で敵を殺さなければならないと考えた時、また過去の武器恐怖症が頭をもたげてきた。「ゴボウ剣」とよばれていた銃の先につける剣や大きな軍刀で人間を殺すなどということは、私にはとてもできそうもない。そこで選んだのは、通常武器を持たない（士官の場合象徴的短剣はあったが）海軍を志願することだった。

徴兵検査当時体重49キログラムで骨と皮のような身体だったので海軍には採用されず、第三乙種という最低のクラスで合格し、東京湾要塞重砲兵連隊に配属と決まった。その任務が迫兵戦で直接人を殺すのではなく、遠くに砲弾を撃つから、仮に人が死んでもそれをみることがないという点で海軍と同じだと少し安心した。

軍隊に入る直前、すなわち43年11月、父の高校時代からの親友大川周明のところに挨拶に連れていかれた時、二つの意味で新しいショックを受けた。その一つは日米開戦当時、ラジオの連続放送で欧米東亜侵略史を語っていた大川から激励されると思っていたら、まったく予期に反して次のように言われたことだった。「東條は大馬鹿者だ。南京政府主席に引き出した汪兆銘を、もとの避病院の建物に入れ、よい建物は皆陸軍が使っている。そんなことであの国の人心をとらえられると思ったら大間違いだ」と。これをきいて私の支持していた戦争は、どうもおかしな方向に向かっているのでは、という疑問がわいてきた。もう一つ私を怖がらせたのは、大川が大声で東條を罵倒しているのを、私のすぐ後ろで次の面会を待っている参謀肩章をつけ軍刀をついている2人の軍人もまたきいているという点だった。白昼陸軍省で相沢三郎中佐が軍務局長永田鉄山少将を斬り殺した記憶は私の中に強く残っていたことが、私の武器恐怖症の再発に関係していた。

軍隊に入ってみると、砲兵だったら遠くに弾丸を撃つから目の前で人を殺さなくてもすむというのが甘い考えだったことがすぐわかった。要するに軍隊という組織は、命令されればいつでも目の前で人を殺せる人間を作り出す場所だということは、いやでも身体で(つまり体罰によって)覚え込むように24時間訓練される。ようやく初年兵教育が終わり、幹部候補生を経て、見習士官となると、今度は毎日軍刀をぶらさげて歩かなければならない。幸いに親戚から極めてうすい刃の軽い刀を贈られたので、これに木のサヤをつけて軍刀にした。指揮をする時には立派にみえるが、とても人を斬るには役に立たない美術品のようなものだった。何とか武器から逃れたいと思っていた私には、この軽くて人の斬れない軍刀は身体と心の負担を軽くした。

大砲というみえない先で人を殺す武器を扱えばよく、自決する時も腹を切らなくても砲身の先に弾丸をもう一つ込めて発射すれば、砲台と一緒に自分も飛んでしまうのだという安心感は、戦争末期の各種特別攻撃作戦の開発で完全に失われた。砲台の兵士にも敵が上陸してきたら爆薬を背負って戦車の下に入るという自殺攻撃の訓練が始められたからである。科学的兵器で劣っている側の唯一の抵抗方法は自殺攻撃であるという傾向は、実は今日にまで及んでいる。一方では無人攻撃機が米本土からの操作によってアフガニスタンで多くの人を殺し、誤爆によって民間人も殺すという状況に対し、それに報復しようとする進歩した武器を持たない側は、自爆攻撃に頼るということは、グローバル化した今日、世界各地にテロの恐怖を引き起こしている。

内地で敗戦を迎えた私は、誠に幸いなことに、武器を使って一人の人間も殺すことなく、軍隊から解放されることになった。しかしそれは、かなりの程度偶然に支配された幸運であった。というのは次のような事件が45年の春にあったからである。ある晴れた日、東京湾で撃墜された敵戦闘機からパラシュートで脱出したパイロットが海岸をめざして泳いでいる、という通報があった。その頃は時おり東京湾内で米潜水艦が浮上して、この種の米兵を救助する任務にあたっていたようだったが、その日には潜水艦もなく、パイロットは海岸に向かって泳いでいた。文字通りおっとり刀で海岸に行ってみると、すでに多くの村人たちが竹槍を構えて待っている。米兵が海岸まで来たらどうするか。竹槍で殺すことは防げると思った。米兵の身柄を拘束して司令部に報告しよう。うまく司令部がひきとってくれればありがたい。しかし、ただちに殺せという命令が下されたらどうするか。抗命の罪は敵前の場合は死刑と陸軍刑法にあることは十分教えられている。結局抑圧移譲で私がまた部下に命令して殺させるほかはないだろう、というのが当時私の考えることができたすべてであった。この種の事態が現実にあったらしいことは、要塞司令部関係で、戦後BC級戦犯裁判があったという噂をきいたことからも十分想像される(ついでに言っておきたいが、軍刑法と軍事裁判が命令の絶対的強制力を支えていたことを考えれば、自民党の改憲案に軍事法廷創設の規定がある点に注意する必要がある)。現実の事態は、思わぬ形で解決された。海軍の短艇(カッター)が米兵を連れ去ってくれたからである。その後この米兵がどうなったかは知らないが、私たち陸軍の責任はなくなった。

さて、復員してからもなお軍刀は私の手許にあったが、やがて占領軍の武装解除の方針に従った銃砲等所持禁止令（46年6月3日　勅令300号）で刃わたり15センチ以上の刃物は、すべて武器として回収されることとなった。美術品は例外とされたから銘の入っていた私の軍刀も美術品として登録すれば、提出しないですますこともできた。しかし、この際一切の武器から解放されることを私は選んだ。こうして子どもの時から十数年の長い間私を苦しめていた武器恐怖症からも解放されることとなった。

以上は私という特定の個人の極端な事例といえるかもしれない。しかし多くの日本人の間でも、一般に武器への抵抗感が強いことは、アメリカで生活してみるとすぐ気づく。たとえば、私たちがマサチューセッツ州に住んでいた頃、小学校2年生だった息子がYMCA主催の夏のキャンプに参加した時、拳銃の射撃訓練があって皆喜んでいたという話をきくと、私などは恐ろしくなってしまう。日本では普通の市民にとって武器といえば、多くの場合、暴力団が違法に所持しているものという印象が強いが、アメリカでは市民各個人が武器を持つことは正当な権利として憲法で認められているという違いがある。かつてハロウィーンの夜に日本人留学生が仮装して隣家を訪ね、誤って射殺された事件が報道され、多くの日本人は、はじめてこの違いを意識することになった。

この違いには歴史的背景がある。考えてみると日本では3回の「刀狩り」を経験した結果、世界でも類をみないほど日常生活から武器が遠ざけられている。3回の「刀狩り」と私が名づけたのは、秀吉による本来の刀狩りについで、明治維新後の廃刀令、そして第3回は敗戦後の占領政策による厳格な武器規制であった。

なお秀吉の「刀狩り」については、藤木久志の研究によれば、それは村の武器を根こそぎ廃絶することをめざしたものではなく、単に百姓の帯刀権や村の武装権の規制にすぎなかった。その後も猟のために村に残されていた鉄砲などを戦闘に使うことがなかったのは民衆の自律によるものだった。また明治の廃刀令も帯刀だけの禁止で所持の禁止ではなかった。これに対して占領下の規定は明らかに所持の全面禁止であった。しかし、それを実効性あるものとしたのは、民衆の武器使用に関する自律的抑制の伝統であったと思われる。このような民衆の間における武器使用への抵抗感を生かし、武器を全世界からなくしていく原動力に生かすことは考えられないだろうか。

私は警官も通常の場合は武器を持たず、必要な場合は催涙剤などを用いるようにすることから始め、自衛隊も武器を持たない災害救助隊に再編し、国際的にも軍縮と武器輸出禁止の先頭に立って、この地球から武器をなくす方向に力を尽くすべきだと思う。

これは長い間武器恐怖症に悩まされた私の特別な願いであるが、それだけではあるまい。武器への抵抗感の強い多くの日本人に共通した思いといえるだろう。もちろん不正義の攻撃に対しては、非暴力直接行動という有効な抵抗手段に訴えるべきだということは、1968年の『平和の政治学』(岩波新書)以来繰り返し論じてきたところである。ただ最後には、自分が武器を持って殺すより、武器を持たないで殺されることを選ぶという絶対的平和主義の立場に賛同する人が多いとは思わない。しかしこの最終の意見への賛否を超えて、武器を持つこと自体に伴う危うさについては、すべての人が十分考慮する必要がある。なぜなら武器を持つことが、相手の武器との競争を生み、やがては究極兵器としての核兵器あるいは生物・化学兵器にまで及ぶ危険性があること。あるいは相互不信によって、先制攻撃を引き起こす危険性があり、また兵器発展の不均等性から、進んだ兵器を使う強者の攻撃に対して、劣った兵器しかない弱者の報復は、世界の随所で自爆テロを行うという形をとるということは、すでに今日明らかになり始めている。したがって、どのように発達した強力な兵器も、それを持つ国自身の国民にとって安全をもたらすものではなく、まさに逆説的に、限りない危うさと不安を生み出すものであることを確認する必要がある。

column…7

初年兵の入隊第一日

はじめて兵隊に入った者は二等兵という階級で初年兵といわれ、入隊のその日から職業的殺人集団の一員として規格通りの兵隊となるための洗礼が始まる。その訓練が行われる日常的な場は、「軍隊内務令」で家族にたとえられる内務班である。その人数などは兵科の種類や中隊によって異なるだろうが、一応私の経験した教育隊の場合を記しておこう。約20～30人の初年兵の集団のほかに、内務班には古兵とよばれる先輩の兵士、すなわち前年かそれ以前に兵隊となった一等兵か上等兵が数名配置される。班長は一人で下士官(伍長という上等兵より一つ上の者かその上の軍曹)が全体の責任者となる。ついでにその上の構成をいえば、内務班が二つか三つ集まって小隊となり(その長は少尉か見習士官)、小隊が三つぐらい集まって中隊(長は中尉ぐらい)、さらに中隊が三つ程度集まって大隊(隊長は少佐ぐらい)、大隊が三つぐらいで連隊(隊長は大佐、あるいは中佐)というような階梯になる。

入隊してまず驚かされるのは、初年兵にはまったくプライバシーがないということだ。私物は原則として持てないだけでなく、便所に行く場合も、「石田二等兵便所に行ってきます」と申告しなければならない(地域によっては「かわや」と言わせていたところもあったようだ)。班の出口で内側を向いて大声でこれを言うというのが、まず最初の試練となる。一回ですむことは稀で「声が小さい。やり直し」と言われ、次には「何だその敬礼は。地方(軍隊の外の社会のこと)と違って軍隊の敬礼は体を真っすぐにしたまま15度に傾けるのだ。やり直し」と命ぜられる。こうして一切の行動は、決められた形式に従って大声で報告するという形で規律される。

昼の間の訓練も当初は、行進や敬礼あるいは銃の扱い方等の基礎的な行動が、完全に規格通りに一斉にそろってできるようにすることから始まる。この訓練が終わってからがまた面倒だ。銃や靴などの手入れは、自分のものだけではなく、古兵のものもしなければならない。その間に食事準備とか舎内の清掃というような「使役」と称される雑用が入る。これらは肉体的に忙しいだけでなく、言葉づかいをはじめ一切の行動が、理由を問うことを許されない形で軍隊に特異な方式に従わなければならない。これは軍隊においては、命令に対しては、その是非を論じたり、理由を問うてはならないという原則を、体で覚えさせるやり方である。

夕食とその後古兵のものを含めた食器洗いが終わり、やがて舎内の清掃と、整理整頓が終わると点呼となる。これは週番士官が巡回して各班の異常の有無を点検するというのが建前だが、初年兵にとっては、一日の総括として、しばしばなぐられる機会として最も緊張する時である。なぐられる理由はいくらでもある。直立不動の姿勢が悪く、足が曲っていたり、指がしっかりのびていなかったり、手の中指がズボンの縫目の上になかったり、棚の上の衣類のたたみ方がよくなかったり、要するに軍隊の規格にあわないことがあれば、なぐるという身体的な暴力によってそれにあうように習慣づけることが、ここでは必要なのである。

要するに考えることを止め、求められる形の行動をする機械となることが大切だと意識させられるのが、こうした初年兵の最初の洗礼である。その実感をかみしめながら就寝ラッパで長い一日が終わる。「兵隊さんは可哀そうだね。また寝て泣くのかよ」といわれているこの就寝ラッパは、初年兵の悲哀をあらためて感じさせる。

このような洗礼によって、いつの間にか画一的行動をとる兵隊が作り出される。そのことを、今でも時々思い起こさせられるのは、映画やテレビのドラマで兵隊の行進その他の光景をみる時である。それはまったく兵隊としてのリアリティを感じさせないからである。指がのびていなかったり、足のあげ方が不ぞろいだったり、とても兵隊とはみえない光景がしばしばだからである。しかし考えてみれば、すべての若者が徴兵制度によって、私の経験したような初年兵としての洗礼を受けるという時代が終わってから66年間徴兵制がなかったことの喜ぶべき結果だともいえる。

しかし他面では、今日の経営組織の中には、利潤拡大という目的達成のため、是非を論ずることを許さない不条理な管理が、旧陸軍とは違った形でみられる場合が少なくないように思われる。その場合にも、軍隊の規律が形式的画一化を生んだのと同じように、あるいはそれ以上に、人間らしく考える習慣を失わせる危険性を含んでいるのではないか。軍事技術と民間の技術との間の境界が次第に不明確になり、戦争の民営化といわれるように民間企業が戦争に参加するという形さえとって、民需と軍需の区別が難しくなってきた今日、民間の経営組織と軍事組織との違いが少なくなってきているのも自然の傾向といえるかもしれない。その意味では、私が68年前に経験した初年兵の体験は、ただ遠い昔のこととしてではなく、目的合理性だけを追求する組織の管理にかかわる一般的な問題を含む極端な例として、今日でも検討に値するものを示していると思う。

column…8

軍隊生活で知った「世間」の一面①――「ヤクザ」の世界

戦前の日本社会では、今日とは比較にならないほど厳しい階層差があったように思われる。そのような社会の中で、小学校3年から高校卒業までブルジョワ学校として知られた私学で育った私は、極端な世間知らずとして軍隊に入った。何しろ子どもの頃学校で遊ぶ仲間が、「僕が社長だ」「僕が会長だ」などと言っているのに違和感を持ち、やがて中学の頃には、ブルジョワ第三世代の頽廃にがまんできず、賀川豊彦の『死線を越えて』や河上肇の『貧乏物語』などを読んで左翼化した。さらに高校に入ってからは、三木清が、今度の戦争は「資本主義問題の解決」をめざすものだと書いている影響で、戦争を支持する軍国青年となった。いずれにしても貧困に関心を持つといっても本を読んだ上でのことで、およそ自分が属する以外の階層の生活実態は知らずに育った。その一つの要因としては、体が弱くて体力にゆとりがなく、軍事教練や武道(一番体力を使わない弓道を選んだが)が強制されて、とても映画や演劇などによって社会の現実を考える機会も持てなかったからだ。何しろ兵隊に行くと決まってから、はじめて歌舞伎に両親が連れていってくれたが、それは両親にとっても、はじめてだったと思われるような生活だった。これは不風流な官僚の家という家庭環境によるものだったかもしれない。

兵隊になった時、同じ初年兵の仲間は、すべて学徒出陣によるものだったから、出身階層はあまり違わなかった。しかし班長などの下士官、あるいはそれを補助する古兵たちが、極めて異なった生活体験を持っているらしいことに驚かされた。その一つが、ヤクザとよばれた社会集団のことだった。班長をしていた伍長は、どうもバーで働いていた経験があるようで、機嫌のよい時には、その頃の話を始めるのだが、ヤクザという私にとっては未知の集団と関係があるらしいことがわかってきた。また同じ班の隅のほうに、あまり多く口をきかない古兵がいた。体が小さく目立たない存在なのに、何となくほかの古兵が一目置いているようにみえる。そのうちどこからともなく、彼は昔ヤクザだったのだという噂がきこえてくる。その頃はヤクザというのは何か非合法の暴力集団であるということしかわからなかったが、敗戦後ヤクザ映画をみて、彼らの間に指をツメるという慣行があるのを知り、そういえばあの古兵の小指は半分なかったということを思い出して、彼が一目置かれていた理由がようやくわかったというわけだった。

今日から振り返ってみれば、ヤクザと軍隊は、一方は非合法、他方は合法という違いはあるが、両方とも職業的暴力集団であるのだから、そのような両者の親近性が、軍隊でのヤクザの重要性の背後にあったものといえるだろう。ついでにつけ加えておけば、その後1年ほど経って、今度は将校となって同じ隊に戻った。そうすると私が初年兵として洗濯をしたり食事の世話をする相手だったこの指をつめた古兵が、今度は私の部下として私に敬礼することになった。階層秩序に厳しい軍隊では、1年足らずの間に上下関係が逆になっても、表向き秩序が乱れるということはなかった。すなわち公的暴力組織としての軍隊は、私的暴力組織としてのヤクザより優位に立つ形でそれを吸収していたといえるであろう。

蛇足として戦後にまで触れておこう。私は軍隊でヤクザの人たちと最初の接触をすませたので、戦後研究を始めて、選挙の調査にかかわり、台東区で調査した時には、ひょうたん池の前にあったテキヤの組の本部にいって、組の親分にインタヴューをすることができた。この時には、戦後の混乱期にこの種の集団がどのような社会的役割を果たし、それがどう政治に影響しているかが分析の対象となった。軍隊当時の体験が思わぬところで役に立つという結果にもなった。

column…9

軍隊生活で知った「世間」の一面②
——兵士と性

ヤクザという集団の人に直接に触れたのが初年兵当時の私の新しい体験だったとすれば、将校になって直面した新しい問題は、兵士と性に関するものだった。2カ月ほどの初年兵教育を終え、幹部候補生の試験を受けさせられ、それに通ると重砲兵学校で将校になるための教育を経て、入隊から1年余りで見習士官という将校が生み出された。

その重砲兵学校での教育の最後の頃だった。教官が「今日は将校として大事なことを教えてやる、『突撃一番』の使い方だ」と言った。20歳で軍隊に入り、童貞で潔癖だった私は、それがどのような内容であるかを想像して耳をふさぎたくなり、「石田候補生使役に行ってきます」と言ってほかの用事をするという口実で部屋を出た。後で内容をきくと、どうも性病予防のためコンドームを使うべきだということだったようだ。将校として兵隊の性にどう対処すべきかは教えなかったようである。

重砲兵学校を卒業してもとの隊（東京湾要塞重砲兵連隊）に戻った。21歳の世間知らずの若者が小隊長として指揮をとるのを、1年足らず前にはなぐって教育をした下士官や古兵たちは、頼りなく思っていただろうと想像される。ある日のこと、海千山千の下士官が私に言った。「隊長殿、我が隊にも慰安所を作ろうではありませんか。自分が慰安所担当下士官になります」と。要塞は、その存在自体が軍事機密とされ、郵便配達のため以外には民間人に近づくことを許さない場所であるから、その場所に慰安所を作ることなどもちろん考えられることではない。これは冗談か、あるいは若い私をからかったかであったに違いない。そのことに気づいた私は、「そうしたら休暇もいらんな」という形で応酬した。彼は「いやカアちゃんは別です」と笑って答え、それで終わりとなった。私としては、この対応で馬鹿にされることから逃れることができたと思っていたが、その当時は慰安所が実際にどのようなものであるかは知らず、ましてそこに植民地や占領地から強制的に連れられた女性たちがどのような形で働かされているかなどは考えることもできなかった。

将校になって間もなく、もう一度重砲兵学校に短期の将校教育を受けるために派遣された。本土決戦に備え、敵が上陸した時肉迫攻撃をどうするかを学ぶためである。同じ学校でも将校教育の時には、食事の量も十分で、酒保も使えるし、夕方からは外出も自由だった。ある日、同じ教育を受けている年配の将校が、最も若かった私と、もう一人同期で慶應の学生であった友人と二人を夕刻の外出に誘った。重砲兵学校を出て馬堀海岸の駅に行く間に彼が言った。「お前らは女を知らんだろうから、今夜横須賀で教えてやるからついてこい」と。みるから不潔なこの先輩の手から何とか逃れようと友人とひそかに相談し、電車の扉が閉まる直前にとび降りて、二人でビールを飲んで学校に帰り寝ていた。やがて帰ってきた先輩は、私の友人に「人の親切を無にしてけしからん」と言ってなぐった。最初に言い出した私がなぐられず、代りに自分がなぐられたと、この友人から生涯うらまれることとなった。

自分の性については、自分で考えて対応すればよかったが、隊長としては部下の兵隊の性をどう規制するかというのが面倒な問題だった。私の隊の一部が、平素から配置されている砲台から一時離れ、新しい砲台の設置のために動員されたことがあった。千葉県金谷の鋸山のふもとに、靖国神社の前にあった日露戦争で旅順の攻略に使った38センチ榴弾砲をすえつける作業であった。どういう由来か葵の紋がついているこの驚くほど古い大砲がはたして使えるか疑問だったが、命令であるから、「ワリグリ」と称して岩をエンヤコラと地突きで固めて、その上に大砲を乗せる仕事をするために地元の人たちに賃金を払って手伝ってもらった。当時は男の働き手は全部動員されていたので、手伝いに来るのはすべて女性だった。中休みの時になるといろいろな雑談に花がさく。その中で夜ばいの話も出てくる。「昨日○○さんの家に若い男が夜ばいに来たが、間違ってバアさんの床のほうに入ってしまった」と言って皆で大笑いしていることもあった。当時若い男といえば兵隊以外にはいないはずだが、私の隊の場合一時的滞在だから、これは要塞の部隊とは関係のない歩兵か何かではないかと思っていた。しかしこのような見方が甘いものであったことは、やがて明らかな事実として私につきつけられることになった。

8月15日の敗戦から間もなく、東京湾の内に面した地域の要塞からは、米軍が湾内に入る以前に立ちのかなければならなくなった。房総半島の突端にいた私たちの部隊も、とりあえず外房の茂原に移動し、そこで復員準備をすることになった。その時復員する兵隊の全員に、古い兵舎の倉庫にある新品の毛布を1枚ずつ配ることに決め、その毛布を取りに行く仕事を私の指揮の下に行うことになった。この作業を希望する兵士数名を連れ、私たちは列車で館山駅まで行き、そこから徒歩で倉庫まで行った。必要な数の毛布を大八車に積む仕事を終えた時、兵隊たちから1時間の中休みが欲しいという希望が出された。帰りの列車にはまだ時間があったので、私が許可を出すと、兵隊たちはたちまちどこかに消えていった。私一人タバコを吸いながら、復員業務をどのように円滑に行うべきかなど考えながら待つこと1時間。

時間一杯で帰ってきた兵隊は、何と一人残らず女性を連れている。この仕事に応募したのは、なじみの女性に別れを告げる機会にするためだったとわかった。それから駅までは、女性たちがそろって、大八車をひく兵隊たちと歌をうたうという、にぎやかな旅になった。

要塞は有刺鉄線のサクで厳重に囲まれており、1カ所だけ常時開かれている衛門には24時間衛兵が立っている。したがって、休暇の時か特別の公務の場合の外は、兵隊がこの要塞を出ることはないと信じていたのは、私のような世間知らずの隊長だけだったようだ。考えてみれば、一億玉砕でどうせ死ぬと決まっている若い兵隊と、同じようにいつまで生きられるかわからないのに男を戦争で奪われた若い女性とが、有刺鉄線などものともせずに、つかの間の恋を楽しんだとしても無理のないことだったろう。

このような男女が、その後どうなったかは私にはわからない。私が以前いた三浦半島の隊で、一人の兵隊が復員後また戻ってきて地元の女性と結婚したという例を一つきいただけである。多くはその場かぎりの結びつきに終わっただろう。ともあれ、戦争という極限的な状況の中で、軍隊という閉ざされた環境の中で、人間に根源的な性の問題をどう解決するかは、「従軍慰安婦」や性犯罪の問題まで含めて、過去の戦争責任にもかかわる重大な問題であり、また今日まで基地周辺の性犯罪というように、なお深刻な問題であり続けている。その根源は軍隊という組織にあるのだが、武力による抑止の必要性をいう人は、はたしてどれだけこの問題に注意を払っているだろうか。

column…10

官僚組織としての軍隊

初年兵としての教育を終わり、幹部候補生として将校になる準備期間を経て、見習士官として中隊に配属が決まり、小隊長の役割を果たすようになる。私の場合は、その後大隊本部で仕事をするようになったのだが、軍隊という組織の中で働く場所が上になっていくに従って、実際に戦闘を指揮する役割に比べて、官僚組織の中間管理職としての役割の比重が大きくなってくるように思われた。小隊長であった時には、空襲に来たグラマン戦闘機から兵士を守ることが主な仕事だったが、大隊本部にいると、その戦闘が終わった後、それに要した時間の何倍かの時間をかけて、戦闘詳報を書かねばならない。どれだけの弾丸を使ったかなど、軍隊で要求された形式に従って、経過を文字で記し、そして戦果としてグラマン一機撃墜というような報告書を作る。それに対して「殊勲甲」というような賞状が、その小隊に与えられることにもなる。

大隊本部での体験を振り返ってみると、明らかに実際に血を流す戦闘からの距離を持つようになったと感じられる。すなわち直接鉄砲を撃つ立場と、それを書類の上に書く立場との間にある距離にほかならない。この距離は、師団司令部、参謀本部と上部になるほど大きくなる。私などと比較にならないほど上部にいた指揮官たちが、はたしてどれだけ戦闘の実感を持っていたか。直接に人を殺すことを命じられた兵士やその兵士に殺される人たちのことを考えたか、はなはだ疑問に感じられる。実際に松代に巨大な地下壕を作り、大本営はそこに入って一億玉砕の命令を下そうとしていたが、その軍事指導者たちが、戦場となった日本全土の民間人がどのような運命になるかを真剣に考えていたとは思えない。

私がわずかの期間大隊本部で働いていた間にも、自分で意識しない間に、軍事官僚機構の有能な中間管理者になっていったものと思われる。ある日士官学校出身の職業軍人である大隊長から、現役志願をしたらどうか、そうすれば特別昇進の道があるのだと言われて驚いた。とんでもない、私は軍隊が好きで軍人をやっているわけではない。お国のためと思って大学の途中で兵隊に来たのだから、職業軍人になる気はありません、と明確に断った。下級将校の不足を補おうとする陸軍の方針があったのかもしれない。

「軍の主とするところは戦闘なり」(『作戦要務令』)といわれるように、軍隊は戦闘効率を中心とした目的合理性を追求する組織である。しかし軍隊という官僚組織は軍事機密というヨロイで透明性をさえぎっているので、腐敗の発生を規制することはできない。小隊長だった当時発見した次のような腐敗は、とてつもなく高価な兵器の購入などをめぐる巨額の腐敗に比べれば、本当に小さなものにすぎないが、組織における腐敗としては、同じ構造にみられる一部にほかならない。

その腐敗は新しい砲台建設のための地元の労働力を動員した時の日当支払いに関するものだった。働きに来たすべての人から印をあずかり、正式の帳簿のほうには全員、全日程すべて出席したように捺印し、もう一つの裏帳簿のほうには現実に出席したとおりに記録し、それに従って本人に支払う。

このようにして浮かされた裏金は、経理係が保管し、公金を支出できない用途に使う。そのような特別な用途として私が気づいたのは、連隊長が視察に来た時に料理屋で接待する費用にあてた場合である。酒もほとんど飲めなかった小隊長の私としては、大酒飲みの連隊長と中隊長が徹夜で一升も二升も飲むのにつきあうのは苦痛だった。昼の間作業をして腹が減っているので食事をしようとすると、「ひとが飲んでいるのに飯《メシ》を食う奴がいるか」と怒る酒のみの相手には馴れていない若い小隊長だったからである。接待の相手が連隊長より上になれば、さらに一層手厚いものになっただろう。ある時偶然電話できいたのだが、要塞司令官が視察に来るから魚と野菜の御土産を用意するようにという内容だった。

「世の中は星（陸軍）に錨《いかり》（海軍）に闇に顔」というのが戦時中に食べ物が手に入りやすい順序だといわれていた。これは軍事的価値の社会における優位性に由来するものであった。それと同時に官僚組織としての軍隊が、国家予算の中で大きな比重を占めていた臨時軍事

費を不正に利用して、「闇」よりも強い購買力を示したことによるところが大きい。どのような時代、どのような国でも軍事組織は軍事機密というヨロイで透明性から逃れることによって内部的腐敗を不可避なものとしがちである。財政をめぐる腐敗と、私的制裁とよばれた暴力によるいじめという軍隊に伴う通弊を根絶するには、まず透明性の回復が必要である。その一つの方策としてドイツにおける「軍事オンブズマン」が議会の下に設けられ、特別に軍事組織の内部にまで監査する権限が与えられているというような制度も参考に値する。

column…11

平壌での丸山眞男二等兵

丸山眞男はよく言っていた。「僕は自分の体験をナマで語ることはしたくない。大事なのはそれを分析に生かすことだ」と。この言葉の意味を私に最もよくわからせたのは、彼の「超国家主義の論理と心理」であった。この論文こそは、私になぜ自分が軍国青年になったかを検討することを動機にして研究者への道を歩む決意をさせたものであった。言い換えれば、この論文は私が軍隊での生活に至る過程を分析の対象とするやり方を示唆するものであった。すなわちこの論文の分析の背後に丸山の二等兵としての体験があることは、同じ体験をした私には、すぐ理解することができた。

今日の読者にとっては、私のような軍隊生活の体験がないから、この論文の背後にある丸山の体験を想像することが困難だと思う。伝記的研究の面でも、1944年7月丸山の応召から平壌《ピョンヤン》での初年兵体験を経て9月に入院、10月に召集解除になるまでの過程については資料が極めて乏しい。半世紀以上にわたり日常的に接触していた私も、この時期についてきいた経験はない。「丸山眞男を偲ぶ会」の後で、韓国出身のもと大学院生から個人的に教えられた情報がほとんど唯一の手がかりにすぎない。それは「丸山先生から平壌当時朝鮮出身の古兵に編上靴《へんじょうか》でなぐられたときいたことがある」という話である。丸山の平壌での初年兵体験について、同じ頃に初年兵体験をした生き残りの老人としては、大胆な推測を加えてでも、仮説的に事実を考えてみることが、後世に対する義務ではないかと思う。

推論の第一は、松本市の第五〇歩兵連隊補充隊に応召した丸山二等兵が、第七七連隊補充隊に転属となり平壌に移された点に関するものである。松本の連隊の人事係が、転属要員を選ぶ場合に、この初年兵が一高生当時（33年）検挙・勾留された前歴を持つ点を考慮した可能性が大きいと私は推測する。この推測の根拠は、私が将校となってからの経験にある。通常一つの隊に何名転属要員を出せといってきた場合、その選定をする際に二つの基準を考える。一つは何らかの根拠で将来面倒なことを起こす恐れのある兵士であること。第二には新しく入ってきて（あるいは転属してきて）なじみがなく、将来どのようになるか予測できない兵士であること（この結果一度転属したものは次々に転属してだんだん不利なところにやられる傾向がある）。丸山二等兵の場合、あるいは第二の理由で新しい応召者が一まとめに平壌に送られた可能性もあるが、第一の理由により前歴によって選別された可能性も大きいとみられる。

第二点は、平壌の内務班での生活がどうであったかという推測である。転属理由が何であったにせよ、左翼運動の前歴は、人事上の重要事項として平壌の部隊にも知らされていたに違いない。その内容は日常の兵営生活を管理する内務班長にも伝えられていただろう。それを知っている班長は、当然丸山二等兵を要注意人物とみなしていたと想像される。

第三点は、「朝鮮出身の古兵になぐられた」という事実である。当時はまだ朝鮮での徴兵制度による古兵はいなかった時なので、古兵といえば志願してきた朝鮮出身者である。彼らは120％日本人になることを期待されていたから、上官の命令に従順な兵士であったに違いない。したがって班長に命じられれば、丸山二等兵に制裁を加えたのは極めて自然なことだったと思われる。

第四点は、「編上靴でなぐられた」という問題で、これは私が推理に最も困難を感じる点である。ビンタと称する私的制裁は、ゲンコツでする場合だけでなく、「上靴《じょうか》」（舎内用の革製のスリッパ）を使うことも稀ではない。しかし、「編上靴」でなぐるという例はあまりきかないし、何しろなぐるのには不便な道具である。あまり自信がないが、あえて推理すれば、丸山二等兵が当然世話すべき古兵の編上靴の手入れがされていなかったことを発見した班長が、ことさらに編上靴で制裁を加えることを命じたという場合である。

最後の推測として、丸山二等兵が病気入院後、軍医（あるいは東大出身であったかもしれない）が、彼の社会的役割も配慮して、召集解除に有利な処置をしたということは十分にありうることだという点をつけ加えておこう。この推理をする根拠となるのは、私の友人の場合に似た事例があるからである。私と同じ「学徒出陣」で東大の学生として同じ隊に入り、同じ重砲兵学校に幹部候補生として学んでいた友人が、ある日突然特殊勤務要員（戸籍を消して諜者となる要員）を志願し、やがて不適任と判定されて学校に戻ってきたという奇妙な出来事があった。戦後会う機会があったので、何があったかを確かめた結果、次の事実が明らかになった。彼は銃を倒したという失敗その他の理由で教官に嫌われ、特殊勤務要員に志願することを強要された。そして審査過程の最終段階の健康診断に際して、東大出身の医師が「正直に言ってみろ、本当に志願したのか」ときいた。実は強制されたのだと答えたところ医師は健康上不適格という判定を下したのだという。

ちなみに丸山二等兵が45年2月第二回目に応召した時には、南原繁教授が船舶司令部に召集解除を要請、却下されたと年譜に書いてある。しかし召集解除にはならなかったが、この要請があったことが、参謀部情報班に配置されるようになったことと関連していることはほとんど疑う余地がない。そこでの生活は、もはや平壌での内務班でのものとはまったく違っていたことは残された「戦争備忘録」からも容易に想像されるところである。

最近になって軍隊生活を知らない人が多くなり、中には若者が「丸山眞男をひっぱたきたい——希望は戦争」などと軍隊の平等主義を評価する傾向もみられる。しかし、私の想像によれば、「丸山二等兵は精神状態がよくない（これは軍隊で批判する時の慣用語）。一発気合を入れてやれ」と班長に言われて、朝鮮出身の一等兵が丸山二等兵をなぐったのは、軍隊にあった偏見、

憎悪と抑圧移譲の表現であって、平等主義によるものではない。戦闘を主とする軍隊が、その戦闘目的の遂行能力を高めるために導入した画一化は、他面でその目的遂行に少しでも妨げになるものを排除し差別するという面を伴ったという点で、平等化とは原理的に異なるものであった。

第3章

市民運動の視点からみた歴史的展開

「平和的生存権」という理念へ向けて

1 「みんなで民主主義」の時代（1945〜60年）

◇非軍事化時代の特徴――平和国家をめざすみんなの民主主義

平和運動の歴史については研究も多いので、ここでは本書の主題に即して、軍事化の危うさに対抗する運動が、どのような組織上の特徴を持っていたか、そしてどのような理念・目的（象徴）をめざしていたのかを、歴史的変化に即してとらえ、今日の課題を考える基礎にしたいと思う。

「軍事化に反対し平和な世界をめざす運動」と一言でいっても、敗戦から66年の歴史の過程の中で、それは大きく性格を変えてきた。すなわち、平和・反戦運動とよばれるものは、それぞれの時期における多数の人たちの記憶や価値意識の違いによって、運動の組織や行動、あるいは目標とする理念に関して大きな変化があったといえる。

まず、占領初期の非軍事化・民主化が占領政策の中心となっていた時期には、人々の間では、戦時中の悲惨な生活への反省から、旧軍国支配勢力への反感が強かった。そして、この「反感」という国民意識が占領政策によって激励される形で、「日本が平和国家をめざすために皆が力をあわせるべきだ」という同調性に根ざした民衆運動が、なかば自発的なものとして支配的になった。

しかし、この時期のこのような動きは、平和憲法という公定の規範にも支えられたものであったから、自覚的な組織論に下支えされたものでないという点に、弱さを持つものであった。

◇冷戦の圧力への抵抗——平和四原則と総評

そして占領後期に入り、冷戦志向が占領政策の中心になってくると、新しい軍事化に抵抗するためには、もはや「日本が平和国家をめざすために皆が力をあわせるべきだ」という大勢順応型の動きではすまなくなってくる。すなわち、運動体の側は、「朝鮮戦争」と「警察予備隊の創設」に象徴されるような、冷戦構造における西側陣営への加担と、その中での再軍備という明確な軍事化にどう対抗するかという課題に直面した。

その課題に対する一つの回答としてあげられるのが、知識人による「平和問題談話会」の提言と、総評が打ち立てた「平和四原則」（全面講和、中立堅持、軍事基地提供反対、再軍備反対）という方針だ。

当時、占領当局の指導の下に作られた総評が、平和四原則を掲げるに至って「ニワトリがアヒルになった」といわれたのは、この時期の特徴的な動きだといえる。

この平和四原則の理念は、平和問題談話会が「東西両体制間の平和共存を求める」とした理念を基礎に置いている。すなわち、いわゆる片面講和によって一方の陣営に加担し、そのために基地を提供し、日本自身も再軍備をするという方向への異議申し立てを行ったものである。

当時はまだ戦争による被害の記憶が鮮明であったから、この理念に対する賛同は比較的得やすかった。そして、それを中心的に支える総評も、職域を基礎とした企業別組合の連合体として組織され、それが全国的に系列化した運動体であったため、国民運動としての広がりを持った。

◇60年安保闘争の二つの特徴——その目的と組織について

しかし、平和四原則を軸とした運動は、結局は成果をあげることはできなかった。全面講和運動は、サンフランシスコ講和条約の調印により「片面講和」に終わった。また、反基地闘争に関しても、砂川闘争の基地拡張阻止のように個別の闘争の中には成功した事例はあったが、全体としては本土における基地の減少も沖縄への基地移転を結果としたものにすぎなかった。また、事実上の再軍備としてひそかに始められた警察予備隊も、やがて保安隊を経て1954年には自衛隊として、より本格化してきた。

その中で、講和条約と同時に押しつけられた安保条約があまりにも従属的であるので、双務性を強める方向で企てられた改定安保条約は、決して日本の自立化を実現するものではなかった。改定案に含まれた対米従属下での軍事化の危うさが世論の関心を引き起こすこととなった。特に60年5月19日から20日にかけて、この改定条約を警官導入により強行採決したことから「民主主義を守れ」という運動が改定安保反対を上回る勢いで加速され、結局条約は自然承認されたが、首相であった岸信介は退陣する結果となった。

軍事化に抵抗する運動の歴史の中でみると、60年安保闘争は、目的の面でも組織の面でも、一つの転機を画するものであった。

まず、目的の面からみれば、過去の戦争の反省への記憶を基礎として、「二度と戦争を繰り返すな」という目的が、戦争に苦しめられた誰しもの共感を得られるものであったため、国民的合意を生み出す絶好の機会であった。しかし、それは同時に最後の機会でもあったといえる。なぜなら、岸の後を継いだ池田勇人は所得倍増を唱え、世論の関心を将来の経済成長に集中させることに成功したからである。

組織の面では、安保改定阻止国民会議❖という形で、全国で総評を中心に系列化された企業別組合の勢ぞろいという組織形態をとったが、この国民会議方式も60年安保闘争が最後となった。というのは、職場の連帯を基礎にした企業別組合の方式は、60年の三井三池の大闘争で第二組合❖が大きな役割を果たすようになってから、経済成長への関心と並行して、企業の生産性向上に協力する第二組合が強力になり、企業別組合丸抱え方式による「国民会議」主導の平和運動を困難にすることになったからである。

こうした60年安保闘争の中で、目立たない片すみの運動であった「声なき声の会❖」が、後にべ平連を生み出す契機を与えたように、個人の自発性に根ざした市民運動が重要な役割を果たす時代に移行する。

❖安保改定阻止国民会議
1960年の安保改定に反対して、これを阻止する目的で結成された院外大衆闘争の中心組織。社会党、総評、中立労連、護憲連合、青年学生共闘など13団体が幹事団体となり、共産党はオブザーバーとして参加した。

❖第二組合
企業内の労働組合を脱退した組合員や、まだ組合に加入していなかった従業員などによって別個に結成された労働組合。既存の組合に対していう。既存の組合には敵対し、経営側と協調的な姿勢をとるものが多い。

❖声なき声の会
1960年6月4日、改定

2 「一人からの民主主義」の時代（1960〜70年）
――「平和より反戦」の市民運動

◆個人の自発性に根ざしたベ平連の運動

誰でも入れる「声なき声の会」のデモに個人としての市民が参加したように、「ベトナムに平和を！　市民連合」（ベ平連）というヴェトナム反戦の運動体は、誰もが個人として参加する特徴を持ち、おおよそそれまでの集団、たとえば職場や地域のつながりを基礎とするものとは違った運動であった。

それはむしろ、組織をあえて否定するという傾向の強い集団だったといったほうがよいかもしれない。それは、国民会議という形で職場丸抱えの組合の勢ぞろいに頼っていた従来のやり方に対する批判の姿勢が強かったからである。

そこでは新しい組織作りについての工夫がなお必要な面もあったが、過渡的な現象として、既成組織のやり方（それは上からの指令主義に最大の弊害を示した）への否定面が強調されたことも、当時としてはそれなりに必要だったことと思われる。

運動目標の面でもべ平連は、①ベトナムに平和を、②ベトナムはベトナム人の手に、③日本政府は戦争に協力するな、という単純な目的を示し、その上で、規約や会員制度を持たず、行動に参加するものをベ平連とよぶという方式をとり、

安保条約の強行採決に抗議し、小林トミらが「誰でも入れる声なき声の会」と書いた横断幕を持って始めた行進に300人が参加したことで誕生。鶴見俊輔、高畠通敏らも参加して、機関紙を創刊。65年4月にはこの会と作家の小田実の呼びかけで、ベ平連が誕生した。詳しくは参考文献（小林トミ、2003年）を参照。

ヴェトナム戦争が終わった後、74年1月に活動を終えた。

そこでは具体的目的を明確にするために「日本政府は戦争に協力するな」という反戦の姿勢を明らかにし、それまで「平和」運動が憲法に寄りかかり、生活保守主義に流れる可能性があったことへの対抗上、平和よりも反戦を強調する傾向が特徴的であった。60年代後半に労働組合の青年部を中心に組織された「反戦青年委員会❖」の場合にも、従来の組合の縦割りに反対するとともに、「平和より反戦を」ということで、より行動的な性格を示そうとした。

◇被害と加害の両面性に着目

さらに重要な点は、小田実が「我々は被害者であると同時に加害者である」という、「被害と加害の両面性」を指摘し、その意識を持った上で反戦闘争を行ったことだ。この意味で60年安保闘争が、被害者の意識の上に立った平和闘争であったのに対して、ベ平連の運動が加害の自覚を基礎とした反戦闘争だったということができよう。

もう一つは、間接的加害を意識化したことが重要である。これは、反基地闘争や「ただの市民が戦車を止める会」などの運動が間接的な戦争加担に対しての闘いであったということ、それに加えて過去の侵略戦争における日本の加害責任の

❖**反戦青年委員会**
主に、ヴェトナム戦争反対を掲げた日本の青年労働者による大衆団体。正式名称は「ベトナム戦争反対・日韓批准阻止のための反戦青年委員会」。

問題を追及したこと、の2点を指摘することができる。

一番重要な点が、加害の意識化と加害を防ぐ行動をするということである。最初は小田実が戦争末期に大阪で爆撃を受けた被害体験から、ヴェトナムの民衆の被害に対する共感を生み出して、そして同時にその被害を受けているヴェトナム人の頭に降らせているナパーム弾はその大部分が日本で作られているという加害の面も意識していくという、その両面性の意識が重要だった。そして図式的にいえば、平和から反戦へという運動の変化があった。戦争によって被害を受けたという被害者としての平和を望む心情や制度としての平和憲法に寄りかかるということではなくて、自分たちは加害者であるという間接加害も意識することによって反戦闘争をする。あるいは反基地闘争をする。さらに『ニューヨークタイムズ』や『ワシントンポスト』にベ平連として広告を出した時に、「あなた方がベトナムでやっていることは、私たちが中国でやった間違いと同じことである」ということを言っている。そういう形で現在における加害の意識が過去における加害の記憶にまで広がっていくというところに、その後、戦争責任論の方向に運動が進んでいく潜在的な基礎を作ったといえる。

◇「組織なき運動」としてのべ平連

またべ平連には、「組織なき運動」という特徴があった。その基礎には、「単一争点」という独特の立ち位置がある。この単一争点とは、運動方針を「ベトナムに平和を」「ベトナムはベトナム人の手に」「日本政府は戦争に協力するな」という、ただ三つの目的に絞ることだ。そして、組織上は国民会議方式のようなこれまでの運動組織の勢ぞろいではなく、特定の目的のために個人として参加することが基本であり、目的が終わったら解散する。そのため、べ平連の運動は、1965年の4月25日から始まり、75年1月のヴェトナム戦争終結と同時に、解散・活動停止となった。

組織論上の具体的特徴としては、「規約なし、会員なし、その他一切の公式組織なし」という運動であったということ、加えて三原則として、①言い出した人間がやる、②人がやることをとやかく言わない、③好きなことは何でもやれ、ということを決めていた。

ただし、現実的には効果をあげるために毎週、神楽坂で「内閣」と冗談でよばれる会議があった。ただ、共産党から追い出された吉川勇一❖の経験に基づいて、「あのグループはトロツキストだから入れない」など、特定組織を排除しないという原則をとったために、全体の調整をどうするかに非常に苦労したようだ。た

❖**吉川勇一**
1931年〜。市民運動家。1951年に東大学生自治会中央委員会議長となり、ポポロ事件を闘う。退学処分後、全学連、わだつみ会などで活動。66年からべ平連事務局長として反戦運動に取り組む。

とえば、デモを行う際、「ジグザグデモをやりたい」という人は、それを必ずしも排除しない。けれども、それによって他の人に迷惑がかからないように、年寄りや子どもは先頭に立てて、ジグザグデモをやるのは最後尾に配置するというような、細かい気配りをしたという点が特徴だ。

◇ベ平連的状況の遺産

べ平連的状況の遺産としては、以下の4点をあげることができる。

①組織的な「横の連帯」と行動上での「非暴力主義」

べ平連運動の遺産としてまずあげられるのが、それまでの「組織の縦の系列」とは違った、組織上の横の連帯が生まれてきたことである。同じような例としては、1965年に結成された「反戦青年委員会」で、これにより縦割りの労働組合の区別を超えた横の連帯が生まれてきた。

それから行動上での非暴力主義も大きな特徴の一つである。これはアメリカの学生非暴力調整委員会の活動を分析した*SNCC, the New Abolitionists*の著者で歴史学者であるハワード・ジン❖が来日したのを契機に、日本でも「非暴力反戦行動委員会」というものが発足し、日米市民会議を通じて非暴力直接行動の意味も次第

❖**ハワード・ジン**
1922〜2010年。アメリカの歴史学者、政治学者、思想的にはマルクス主義、アナキズム、社会民主主義の影響を受け、60年代からは公民権運動や反戦運動の分野で活動。著書に『民衆のアメリカ史』など。

に広がっていった。具体的には、73年9月に、フィラデルフィアのクエーカーセンターで教育を受けてきた阿木幸夫、同じくクエーカーの石谷行、それから古沢宣慶らによる「非暴力行動準備会」ができた。ちなみに、石谷たちは「良心的軍事費拒否の会」を作り、軍事費に相当する税金を払わないという運動をしていた。

②反戦と安保の結びつきの可能性をもたらした

それからべ平連は、反戦と安保の結びつきの可能性をもたらした。もともとべ平連の運動というのは、ヴェトナム反戦が主題だったわけであるが、事柄の性質上、反戦と反安保が結びついてきて、具体的には69年9月の反戦自衛官、小西誠❖の「アンチ安保」配布による逮捕、それに伴う支援運動が取り組まれる。

また、べ平連内部から「安保拒否百人委員会」が生まれる。これはべ平連のように、あらゆる組織を否定するのではなくて、むしろ座り込みという非暴力直接行動のために自己規律を持った主体的な組織化の方向を示したものである。実際には、現実に大きな影響力を持つ形で展開されたことはなかったが、「声なき声の会」のメンバーで、政治学者の高畠通敏❖が70年に際して『声なき声』に書いた「安保拒否百人委員会の提言」をみると、ただ市民が集まる機会を提供したというものとは違い、「とにかく通過集団として、消極的に指令によって動員され

❖小西誠
1949年〜。自衛官、軍事評論家。1954年航空自衛隊に入隊。69年に反戦ビラをまき、治安出動訓練を拒否(反戦自衛官事件)。自衛隊法違反に問われたが、81年無罪確定。

❖高畠通敏
1933〜2004年。政治学者。1968年より立教大学教授。思想の科学研究会の「転向」研究に参加し、のち同会事務局長。60年安保闘争では「声なき声の会」を作り、草の根民主主義を進めた。

た従来の運動を否定して、自発的に集まるという、いわば過渡的な集団としての市民運動をさらに超えて、持続性を持った自立的な集団をめざそうとするものであった」(『高畠通敏集』5巻、36頁)ということができる。こうした点で、安保拒否百人委員会の提言は、非常に重要な転機であったと位置づけるべきである。

③国際連帯が進んだ

それから、国際的連帯が進んだということも特徴の一つだ。これは65年にバートランド・ラッセル❖の提案で、ラッセル法廷❖が開かれたことに象徴される。ラッセルはこの法廷を65年から準備し始め、66年6月には法廷の企画を公表している。このメッセージを受けて、南北ヴェトナムで調査委員会が結成され、11月にはロンドンで国際法廷設立会議が開催された。そして日本からは、森川金寿らが裁判官になって参加している。

第一回法廷は67年5月ストックホルムで、第二回法廷は同年11月から12月にかけてコペンハーゲンで開かれた。第一回ではアメリカは侵略の罪で有罪となり、学校、ダム、病院などの民間施設を攻撃するという戦争犯罪を犯したと断罪された。そして第二回法廷では、違法な兵器、捕虜、民間人の虐待での再度の罪が取り上げられたが、元米兵3人が証言台に立ち、ここでは日本政府も共犯の罪で有

❖バートランド・ラッセル　1872〜1970年。イギリスの哲学者、思想家、文明評論家。数学者として出発し、大著『数学原理』(ホワイトヘッドとの共著)で今日の記号論理学・分析哲学の基礎を築いた。また、フェビアン主義・平和主義・世界連邦主義の立場から政治・教育・文化の各分野で広範な著作活動を展開するとともに、第二次世界大戦後は核兵器反対運動を指導。1950年ノーベル文学賞を受賞。

❖ラッセル法廷　世界平和と人権を守り、それを脅かす行為を裁こうとする法廷。バートランド・ラッセルが1960年代の中ごろに設立。

罪になった。

このような海外での動きに対応して、ベ平連ではアメリカからH・ジンなどを招いて日米市民会議を開き、日米市民条約を提案した。これは条約といっても国家間のものではなく、個人が反戦を誓って署名するというものだった。その後招かれたアメリカ人を中心に全国で巡回講演会が開かれた。

さらに基地周辺に「反戦カフェー」を開くなど米兵に反戦を訴え、脱走兵を受け入れ、海外に逃走させることに成功した。そのほか前述したようにアメリカの有力紙に全面広告をのせ英文機関誌を発行するなどという形でも国境を越えた連帯を強める努力をした。

④戦争責任と歴史認識の問題が顕在化した

4番目には、戦争責任と歴史認識の問題があげられよう。これは日本において、加害の意識化が進み、それが過去の加害の記憶に及び、それに加えて国際的な批判もあって、教科書問題、靖国問題が1980年代以降大きな焦点となった。そしてこれが、90年代の戦後補償の問題へと発展した。90年に韓国で挺対協(韓国挺身隊問題対策協議会)が作られ、91年に金学順(キム・ハクスン)が元「慰安婦」であったと名乗り出て来日し、そこで性奴隷の問題が取り上げられた。そのほか李鶴来（イ・ハンネ）たちを中心に、在日韓国・朝鮮人のＢＣ級戦犯の補償なども問題になっていく。

3 「それぞれの民主主義」の時代（70年代以降）
――反差別、戦争責任という個別課題への転換

◇個別具体的な課題を担う運動体へ

ヴェトナム戦争が終わってからの市民運動は、軍事化反対という大きな現実的な目的に結集することが難しくなった。そして、一人からの民主主義として出発した新しい市民運動は、具体的な個別目標を解決するための個別の運動として展開されるようになった。

その中で、日本の軍事化に対する反対運動にかかわるものとしては、①戦争に伴う性差別問題（特に具体的には「従軍慰安婦」問題）、②植民地化・軍事化を支えた民族差別の問題、③戦争責任・戦後補償あるいは過去の戦争を含む歴史認識の問題、④基地に伴う闘争とならんでみられた公害反対および原発反対の地域的な闘争などがあった。

それぞれの運動は、大きな物語による全社会的な変革というよりは、具体的に

裁判や補償問題を扱うなど、個別的な問題の解決をめざしていた。組織のしかたも、個人の自発性を基礎としながらも、それぞれの目的達成を見据えた効果的な組織化を推し進めた。しかも、たとえば1995年（すなわち敗戦後50年）に際しては、多くの集会が別の集団によって主催されながら、広い意味で連帯をしているという関係もみられた。

もちろんそれに対しては、たとえば「新しい歴史教科書をつくる会」のような「癒しのナショナリズム」❖を求める対抗運動や、さらに攻撃的な排外主義的運動も起こってきたが、問題は運動組織の次元でも、目的の点でも、新しい段階を迎えているように思われる。

❖反戦平和運動のグローバル化

一方で、世界経済の全体が軍事化するというグローバル化の現象に対抗するため、もう一つの世界を求める多様なNGOの結節点として「世界社会フォーラム」❖のような動きがある。この「世界社会フォーラム」は、スイスのダボス会議に対抗して、2001年ブラジルのポルト・アレグレで第一回の会合を開き、続いてインドのムンバイ、セネガルのダカール等、三大陸で開かれるようになった。行動の統一を目的とするのではなく、経験の交流と討議による連帯をめざすもの

❖癒しのナショナリズム　詳しくは参考文献（小熊・上野、2003年）を参照。

❖世界社会フォーラム　新自由主義的グローバル化への反対を旗印に、世界のNGOや社会運動団体などが結集して開催されている会議。ダボスで開かれる世界経済フォーラムに対抗するものとして、2001年1月にブラジルのポルト・アレグレで第1回会議が開催されて以降続けられている。ウィリアム・F・フィッシャー、トーマス・ポニア編『もうひとつの世界は可能だ――世界社会フォーラムとグローバル化への民衆のオルタナティブ』（日本経済評論社、2003年）参照。

として展開されている。

地域的にみると、1997年、米軍基地に反対する運動を通じて「沖縄と韓国民衆の連帯をめざす会(略称：沖・韓民衆連帯)」が結成され、ソウルと那覇で3年にわたり、米軍基地の問題に関するシンポジウムが開かれた。そのほか、JVC、ペシャワール会のような第三世界への支援ボランティア団体や「ピースボート」のような交流団体、さらには地雷禁止条約やクラスター爆弾禁止条約のためのNGOなど、多くの国際連帯の組織が生まれる。

その他、国内では2009年1月に立川市の自衛隊宿舎にイラクに行かないように呼びかけるビラを配布した「立川テント村」❖の3人が住居侵入の名目で逮捕・起訴されるというような、数多くの運動がある。

そうした中で興味深いのは、3200人が原告として参加して、2008年名古屋高裁の判決を引き出した、イラク派兵差止訴訟である。原告が3000円ずつ出し合い、陳述書の原稿を書くという協力を基本に原告団が活動を続けていったことは、自衛隊のイラクでの活動を違憲とした判決の結論だけでなく運動の過程として非常に興味深い。この判決は日本国が明らかにイラク戦に加担するまで軍事化していることを示しており、そうした現実に対して、我々はどう対処すべきかを問いかけている。この点については次節で詳しく論じよう。

❖**立川反戦ビラ配布事件**
自衛隊のイラク派兵に反対するビラの配布を目的として、立川自衛隊官舎内に立ち入った3名が住居侵入罪の容疑で逮捕・起訴された事件。最高裁でも上告が棄却され、東京高裁の有罪判決が確定。憲法21条で保障された「表現の自由」が争点となった。

4　いろいろな人が手をつなぐ民主主義（今日の課題）

——平和的生存権を求めて

◆それぞれの民主主義の収斂方向と反動

1970年代から始まった、いろいろな特定の目的のために集まった集団が民主主義的な運動を展開していくというやり方は、具体的にいうと、二つの理念を中心に次第に連帯を深めていく方向にあるといえる。すなわち、その二つの理念というのは、①差別に反対する人権の主張、②戦争と平和にかかわる行動と歴史的責任の問題、である。

前者の「差別に反対する人権の主張」は、性差別や在日差別、被差別部落の問題などから始まり、障がい者差別など、あらゆる差別に反対するというさまざまな運動が展開される。しかし、それは「すべての人間がひとしく人間としての尊厳を持っている」という人権の主張であるという点では、共通しているといえよう。

ただ当初は、それぞれの運動がそれぞれの差別者と対抗するという側面が強かったといえるが、次第にその運動は、「差別の構造自体は共通している」ということを自覚すると同時に、理念としての人権の共通性が意識されるようになってきた。

もう一つの「戦争と平和にかかわる行動と歴史的責任の問題」に関していえば、直接的には戦争責任の問題があり、それから従軍慰安婦問題に代表されるさまざまな戦後補償の問題がある。そしてさらに、記憶にかかわる問題として、国際的にも反応を呼び起こした1982年の教科書問題を端緒に、広く歴史認識に関連する問題にまで運動は広がっていった。

ただこの領域の運動は、具体的には、香港の軍票についての補償の要求のような地域的に特殊性を持つものから、従軍慰安婦についても各国別に特殊性があり、多種多様なものであり、それにかかわっていた運動体も多様であった。しかし、次第に運動体相互の連帯が強まっていき、特に敗戦から半世紀を経た1995年8月に向けては、55年体制が崩壊して、村山富市政権になったということもあり、運動が収斂していく傾向が顕著であった。

現実に、私が1995年8月に参加した集会は7種類あったが、それらの間には、対立というよりは、むしろ連帯の空気が強かったということを感じた。

しかし、このような統一による運動の強化の傾向がみられる半面、それへの反動も目立つようになってきた。つまり、97年の「新しい歴史教科書をつくる会」のような、「癒しのナショナリズム」への動きがその一つの特徴であった。そして、雑誌『諸君!』を跡づけている上丸洋一の研究によれば、97年くらいを境にして、同誌では「反日」という表現が多くなったという。つまり、それまでの「主張する」という姿勢から、「敵へ攻撃をかける」という姿勢に性格の変化がみられるという指摘がある。これは、右からの運動の側の変化の問題だが、20世紀の終わりから21世紀にかけて、新自由主義的なグローバル化や小泉構造改革を経過する中で、新しい社会的な構造変化が起こり、それに対する運動も大きく性格を変えるようになる。

◇「無縁社会」への傾向

つまり、この時代になると、新自由主義的な傾向によって、社会的な格差が増大し、貧しいものが切り捨てられるという変化が起こるだけでなく、新自由主義的な自己責任論の影響で、切り捨てられたものが「発言する資格さえない」と自分でも思うような状況が起こってきた。したがって、この時代は運動の側でも、新しい対応が必要となってくるわけでである。

その前にまず、この時期の構造的な特徴を示す例を、農村と都市について、みていきたい。まず、農村の側の変化は、古くさかのぼればすでに高度成長期から起きたものがある。すなわち、1962年に池田勇人内閣のもとで行われた全国

❖**無縁社会**　社会の中で孤立して生きる人が増加している現象を表す言葉。2010年にNHKの報道番組の中で用いられた造語。

❖**自己責任論**　負の結果が生じた原因を当事者個人の選択によるものだという「新自由主義」の考え方に従った議論。これが当事者に内面化されると、自分が陥っている状態に対して何も主張する資格がないと考えるようになる。

総合開発計画❖がその始まりだ。これは、後に「一全総」とよばれるようになったものだが、この総合開発計画は、98年橋本龍太郎内閣のもとでの「五全総」まで続く。

87年の「四全総」では、都市への人口集中を懸念して「多極分散型国土の構築」というような目標の上での修正が加えられたが、全体として総合開発計画をみれば「国際競争に負けない経済成長をする」という目標に向けて「農村から都市へ人口を移動させる」という効果を持った。

その効果はやがて、70年代以降の過疎化の問題として農村に深刻な問題を引き起こすようになった。また今世紀に入ってから、それがさらに進んで、限界集落（65歳以上の高齢者が半数以上に上る集落）が増えてきており、これがひいては農村集落の消滅という結果を生み出すのではないかという懸念が顕在化してきている。

たとえば、2007年に国土交通省と総務省の共同で実施した調査では、限界集落は全国に7878集落存在し、それは全国農村集落の12・7%を占めるという数字が明らかになった。そして、この中で消滅すると判断された集落は、2643に上ったという報告がなされている。

高度成長期の初頭には、農村からの集団就職が活況を呈し、列車で上京してきた若い人たちで都市はにぎわった。そうした「金の卵」たちは、当初はそれぞれ

❖**全国総合開発計画**
1950年の国土総合開発法に基づき国が作成する、国土の有効利用、社会環境の整備等に関する長期計画。62年の第一次計画から98年の第五次計画まで作成された。

に小さい会社であっても、とにかく終身雇用という形で働ける状況を見出しえたわけだが、やがて合理化が進められる構造改革の時代を経ると、不正規労働者が労働人口の3分の1を占めるようになった。

そして、そのような不正規労働者は、派遣法の「改正」に伴い、派遣業者の思うままに渡り鳥のように不安定な生活を余儀なくされるようになる。中には、彼らが後にした過疎地に建てられた原子力発電所の建設や修理に、将来の健康を犠牲にしてまで働かざるをえないという場合も出てくる。

しかし、それでも働く機会のある人はめぐまれているわけで、不正規労働者の多くは、ワーキングプア❖としてネットカフェ難民❖となり、やがては金がなくなると路上生活者の生活を強いられるような状況に陥ってしまった。

このようにして、1970年代には「日本の福祉社会の含み資産」といわれていた企業福祉や家族による福祉が機能しなくなり、無縁社会とよばれるような状況が起こってきた。

中でも重要なのは、そのような支えを失った無力な人たちが、声さえも出すことができない状況が出てきたことである。すなわち、「声が出せない」ということは、自己責任論によって自分たちで「声を出す資格がない」と思いこんでしまうことを意味しており、問題をより深刻なものとしている。

❖**ワーキングプア**
働く貧困層のこと。働いても生活保護受給水準以下の収入しか得られない状態の人々のことをいう。

❖**ネットカフェ難民**
定住する住居がなく、寝泊まりする場としてインターネットカフェを利用する人々のこと。

◇対抗する運動側の特徴

このような、無力化された多数の人たちが底辺に滞留する社会では、それに対抗する運動も、「それぞれの民主主義」といわれた時代のように、「反差別の運動を自主的に展開すればよい」というわけにはいかなくなる。

２００８年の暮れの「年越し派遣村❖」に象徴されるような臨時の対応は、社会の注目を集めたが、しかし事態はこのような応急処置ですむようなものではない。というのは、このような事態は、「それぞれの民主主義」が支配的だった時代に問題解決のために声をあげる運動がみられるのと違って、およそ声を出す資格がないと思っている人たちをどうするかが問題であることを示している。

年越し派遣村の中心の一つである「ＮＰＯ法人もやい」のやり方は、「サロン・ド・カフェ こもれび」という、フェアトレードで輸入したコーヒーを提供するカフェに、人々が居場所を求めてこられるような工夫をした、というところにも、この時代の特徴が表れている。また、ドロップアウトしがちな若者に対しては「Drop-in こもれび」、女性のためには「グリーンネックレス」という自由に集まれる機会と場所を作る努力をしている。つまり、こうした取り組みは、「人と人とのつながりを作らなければ運動は始められない」という問題意識から始められたものだ。

❖**年越し派遣村**
派遣切りや雇い止めなどで職と住居を失った失業者のために一時的に設置された宿泊所。２００８年12月31日から翌年1月5日までの間、東京の日比谷公園に開設された。

そこで、これまでの対抗運動の側の歴史を振り返ってみると、戦後中心になって運動を支えてきたのは労働運動である。その運動は、職場を同じくするという絆を軸に作られた企業別労働組合を中心にした運動であった。しかし、こうした企業別労働組合は、非正規労働者の待遇改善には熱心に取り組んではいない。

そうであるとすれば、個人が加盟することによって新しくつながりを作り上げる「ユニオン」という名で呼ばれるような労働組合による運動が必要になってくる。それは、「企業別」や「産業別」のような、これまでの労働運動の軸となってきた職場の「古いつながり」とは無縁であり、人と人との新しい関係性を作り出すことで運動を展開している。

◇農村を取り巻く問題

このような都市の貧困の問題と比べると、農村の状況はある意味でさらに深刻になってきている。農村では元来、伝統的な絆の比重が極めて大きい半面、自主的な結社というものの伝統が乏しかった。そして現在、その古い絆を支えていた人たちが高齢化してその役割を果たすことができなくなると、それを継ぐべき世代の人はもはや都市に出ていておらず、農村からその機能が失われていく、という事態を引き起こしている。

過疎という言葉が広く使われるようになったのは、1970年代からであるが、中央官庁でも、これに対する対応を考えないわけにはいかなくなった。そこで70年に政府は、過疎地域対策緊急措置法を作り、それを契機に各省庁はさまざまな事業を立ち上げた。たとえば、自治省の「モデルコミュニティ事業」、農林省の「農村総合整備モデル事業」、国土庁の「過疎地域のコミュニティセンター建設事業」という事業が展開されることになった。

しかしこうした事業は、縦割りの各省庁における予算獲得競争を象徴しており、それが集落レベルで実際に意味を持ったかというのは極めて問題である。補助金によって作られた箱モノが、やがてその管理運営のために多額の経費が必要となり、それが大きな財政負担になるという場合も少なくなかった。したがって、こうした事業が例外的に役割を果したのは、民間の人材による運動が事業の支えになった場合と、自治体自身が積極的に取り組んだ場合だけであった。

ところが、平成の合併といわれるものが、自治体の数を一挙に半分近くに減らしたという問題があり、そのことによって自治体行政の主体は、過疎化した集落からますます遠くなってしまい、それに並行して、過疎化した集落に対する自治体の関心は次第に薄れていくという問題が顕在化した。

そうした状況の中で、しかし市民による草の根の運動が効果をあげたのは、たとえば棚田の保存運動や、有機農業を都市と共同で支えていくというような、集落の外部との連帯によって支えられた場合である。あるいは、2004年中越大地震復興のための「地域復興支援員」という制度や、あるいは地球緑化センターによる「緑のふるさと協力隊」などのように、若者を特別に訓練して地域復興に送り込んだような場合である。そうした若者は、時限的支援であっても、かなり多くの場合その地域に住みつき、新しいつながりを作り出すという効果もみられた。

◇NPOによる市民の自発的参加

こうした、都市や農村における具体的なつながりを作る民主主義の運動を、全体として支える要素として、自発的な結社を生み出す気運が少しずつ用意されてきたことをここで指摘したい。あるいは、それを「市民的要素の成熟」と表現することもできよう。それは今まで述べたような、戦後の民主主義運動の蓄積の結果準備されたものであり、それが象徴的に現れて人々の注目を集めるようになったのは、1995年の阪神・淡路大震災におけるボランティア活動の花盛りであった。

そして、この活動を契機にして、被災者救助のための市民立法も展開されるこ

❖**特定非営利活動促進法**
特定非営利活動を行う民間非営利団体に法人格を与え、公共サービスやボランティアなど社会貢献活動の健全な発展を促進して公益の増進に寄与することを目的とする法律。1998年に施行。

となり、加えて98年の「特定非営利活動促進法」❖（NPO法）が成立したことを契機に、今度はNPOの成立が促進され、さらに免税措置をめぐる法改正運動がみられるという積極的な循環運動が生まれることとなった。

このような動きは、日本の古い伝統に比べると非常に新しいものであった。たとえば、地域自治会などのように行政の補助機関として機能させられるか、あるいは行政機関が補助金を出すことによって半官半民的な外郭団体を行政機関の周辺に作っていくことが、日本の古い伝統であったが、NPOの多くは、そういう形とはまったく違った新しい自発的な結社の形態であった。この形態は非常に若く散発的なものであり、規模も決して大きくはないが、それはそれなりの「若さ」という長所を持っているといえよう。

これを国際的に比較すると、たとえばロバート・D・パットナム❖がその著書『孤独なボウリング――米国コミュニティの崩壊と再生』（柏書房、2006年）で、自発的結社の祖国といわれるアメリカでは社会関係資本がだんだん貧しくなってきている、という点を指摘している。

あるいは、シーダ・スコッチポル❖は、もともと市民的で普遍主義的な目的のために作られたはずの組織が巨大化するに従い、その重点は「参加」から「管理」へと移っていった、ということを憂いている。そういう状況をみてみると、日本

❖**ロバート・D・パットナム**
1940年〜。政治学者。ミシガン大学教授を経て、1979年からハーバード大学教授。2006年、ヨハン・スクデ政治学賞を受賞。

❖**シーダ・スコッチポル**
1947年〜。歴史社会学、政治学者。ハーバード大学教授。State and Social Revolutions: A Comparative Analysis of France, Russia, and China (1979) は、1979年のライト・ミルズ賞、1980年のアメリカ社会学会賞を受賞。邦訳には、『歴史社会学の構想と戦略』（木鐸社、1995年）、『現代社会革命論――比較歴史社会学の理論と方法』（岩波書店、2001年）がある。

の場合の「若さ」というのは、自主的な参加を重視するという点で、一つのプラスの要素を持っていると思われる。

このような新しい傾向を示す運動における成果の例を、ただ一つだけあげるとすれば、それは先にも述べた憲法訴訟の運動にある。それはどういうものかというと、何千人もの市民がイラク戦争をめぐり各地で憲法訴訟を起こしたものだ。その中の一つである名古屋の「イラク派兵差止訴訟」では、「イラクにおける航空自衛隊の活動が、憲法前文における平和的生存権を侵害している」という2004年の名古屋高裁の判決を引き出し、大きな成果を獲得した。つまり、このことは、普通の市民が自分たちで資金と知恵を出し合い、憲法という国の基本的なあり方を規定する規範について発言をし、そしてその結果、判決という形でその主張の正当性を獲得した、という点で非常に大きな意味がある。

この運動がさらに強められれば、憲法の原理に従って自衛隊のあり方を問い直したり、その自衛隊を従属させ戦争と結びつけさせようとする安保に対しても、徹底的な問いかけが可能になる。

◇「平和」と「人権」をつなぐ平和的生存権

ここであげた名古屋高裁の判決に至る運動は、組織論上、非常に大きな特徴を示しただけでなく、その判決に使われた平和的生存権という理念の面でも、注目に値する。

振り返ってみると、平和的生存権という考え方は、1941年フランクリン・D・ルーズベルト大統領の年頭教書で用いられた「四つの自由」、すなわち「言論・信教および恐怖と欠乏からの自由」に由来しており、続いて44年8月14日の大西洋憲章でも繰り返され用いられている。またその後も、47年日本国憲法の前文や、48年世界人権宣言によっても用いられており、広く世界の承認を得た考え方であるといえる。しかし、それが憲法「前文」の中にあったというところから、当初は憲法解釈上も、必ずしも十分な関心を集めていたとはいえない。たとえば、憲法学者の間でも、小林孝輔・星野安三郎編『日本国憲法史考——戦後の憲法政治』（法律文化社、1962年）の第1章に、「平和的生存権序論」という論文が載っているのがわずかな例である。

この理念を判決ではじめて用いたのは、1970年9月7日の長沼ナイキ訴訟❖に対する、札幌地裁における福島重雄判決である。ところがこの判決は当初から困難に直面しており、たとえば札幌地方裁判所所長である平賀健太による「平賀書簡問題」という裁判への介入があったほか、この判決後ただちに上訴され、上級審の高裁ではその判決が覆されるということになった。

❖長沼ナイキ訴訟
航空自衛隊のミサイル基地建設をめぐる行政訴訟。自衛隊の違憲性が問われた裁判。1969年、北海道夕張郡長沼町にナイキJ地対空ミサイルの発射基地を設置するため、農林大臣が建設予定地の保安林指定を解除したが、地元住民は国を相手取り、指定解除処分の停止・取り消しを求める訴訟を起こした。第一審判決は原告勝訴。「自衛隊は違憲」との判断を示した。しかし、第二審では自衛隊問題を統治行為として司法判断を避け、原告の請求を棄却。最高裁も違憲審査権の行使を控え、原告の上告を棄却。

ただ、憲法学研究者の間では、その後深瀬忠一『戦争放棄と平和的生存権』(岩波書店、1987年)にみられるように、「平和的生存権」の問題が次第に注目されるようになった。そして何より、前述したような平和的生存権を求める運動の蓄積が、イラク派兵差止訴訟での名古屋高裁判決を生み出す基礎になった点が重要である。

前述したとおり、「それぞれの民主主義」が、「平和」と「人権」という二つの理念に収斂する傾向を持っていた中で、その二つの理念、すなわち9条に示された平和主義の理念と25条の「生存権」を含む人権理念をつなげるものとして「平和的生存権」というものが、憲法上の基本権のすべての基礎にあるものだとして、重要な役割を果たすことになったわけである。

これからの課題は、そのような目標を持つ運動が、具体的な政府の政策決定の上にどのような影響力を加えるかという点にかかっているといえよう。

念のため憲法前文をみておこう。「われらは、全世界の国民が、ひとしく恐怖と欠乏から免かれ、平和のうちに生存する権利を有することを確認する」と。ここで明らかにされた平和的生存権は、日本の中だけの問題ではなく、米兵によって命を脅かされるアフガニスタンの市民もひとしく持っている普遍的な権利である。国境を越えた妥当性を明らかにした点でも「平和的生存権」の意味は重要である。

それと同時に、この平和的生存権は単に武力による抑止という直接安保と関連した領域だけでなく、すべての生活領域に及ぶものである。すなわち原発事故が発生させる放射能が生命に脅威を与える場合にも、ひとしく適用される普遍性を持っている。3・11の原発事故が、遠くドイツやイタリアでも敏感な反応を引き起こしたのも、このような平和的生存権を意識した結果ともいえよう。

本章では原発をめぐる運動について触れることはできなかった。しかし実際には約20件の原発設置許可取り消し請求や建設あるいは運転差し止め請求に関する訴訟があった。そのうち2件が一審で勝訴できただけで、すべて敗訴に終わった。そのほか多くの地域で原発反対の運動があった。私が「それぞれの民主主義」と特徴づけた1970年代以後に多くの反公害の運動とならんで反原発の運動が地域を中心に闘われていた。それらの発展の中には、1996年に住民投票で勝利した巻町の事例もある。しかしそのほとんどが地域的な運動に終わって成果をあげることはなかった。しかし3・11以後2011年9月19日の「さようなら原発」の集会に6万人が集まるまでになった。今日の時点で運動の歴史を振り返り、将来に向けて、どのような展望を開くべきかについては巻末の対談で検討しよう。

column…12

講和条約発効からメーデー事件へ

1950年12月号『世界』に掲載された、知識人集団である平和問題談話会の「三たび平和について」と題する意見表明など、全面講和論が論壇で優勢をしめる中で、51年9月単独（または片面）講和という形で、しかも安保条約という従属的条約を伴って講和条約が成立し、発効したのは52年4月28日だった。ちょうどその半年ぐらい前に岩波書店の雑誌『思想』が52年6月号に「天皇制特集」を組むことを決定し、井上清、井上光貞、鵜飼信成、鶴見俊輔など執筆者たちとの研究会も行われた。その特集で私は「イデオロギーとしての天皇制」という題で思想史的分析をする論文を担当することになった。私にとってははじめて公に活字にする論文なので、とりわけ緊張して、最後は二晩徹夜して、ようやく書き終わったのが4月28日の朝であった。その時近所の小学校から「君が代」をうたっているのがきこえた。そこで論文の最後に「両条約発効を祝う『君が代』を聞きつつ筆をおく」と記した。

当時全面講和論を支持していた私としては、この発効を祝う気にはならなかったが、歴史的に記念すべき日に、この主題の論文を書き終わったことには特別の感慨を持った。ただこの4・28という日が講和条約第3条の規定で本土から切り離された沖縄では「屈辱の日」とよばれるようになることまで考え及ぶことはできなかった。ともあれ、締切りに間にあうように原稿を仕上げたことで安心した私は、それから30日までただ眠り続けた。その30日の夕方には、妻の東大職員組合婦人部の仲間が、私の家に集まってケーキを焼く作業をした。翌日のメーデーに持っていったプラカードのコンテストで優勝した組合に賞品として渡すためだった。

翌日のメーデーはよく晴れた日で、ケーキを大切に持って妻と私とは日教組の隊列に加わった。行進の途中若い元気そうな集団が私たちを追い越していったが、それが先頭に立って「人民広場」に突入するための集団であったと気づいたのは後のことであった。当日は例年メーデー会場とされていた「人民広場」(皇居前広場)が使用禁止になっていた。しかし私たちの隊列が祝田橋まで行くと、まったく何の抵抗もなく、先の隊列が入っていくのに従って広場に入った。そこで腰をおろしてプラカードのコンテストをしようとした時、突然拳銃のような音がして、人々が一斉に走り出した。「空砲だからあわてるな」という声もあったが、とにかく急いで逃げる人波に倒されないように夢中で走って逃げた。

翌日から私と妻が勤めていた東京大学法学部研究室は大騒ぎとなった。研究室の事務室で働いていた女性が逮捕されたからである。特別活動家でもなかったのになぜ逮捕されたかわからなかったが、後に手配中の活動家と同姓同名だったためという噂もきいた。ともあれ、彼女が隊列で隣にいたと名前をあげたもう一人の女性に出頭するように警察から連絡があった。研究室主任の教授がつきそって、指定された新宿の交番に行くと、彼女はその場で逮捕され、教授はなすすべもなく帰ってきたので職場の怒りを招いた。

教授会でもこの事件は問題となったようである。何しろ人民広場にケーキと一緒に「東京大学法学部職員組合」と書いた組合旗も置いて逃げたからである。結局警察と連絡のつきやすい田中二郎教授が仲介し、組合書記長が警視庁に出かけて、平穏裡に広場に入ったことを説明するという手続をふんで事態は収拾された。なおこのメーデー事件では2人が射殺されただけでなく、騒擾罪の疑いで1230人が検挙されたといわれる。その中には平穏に広場に入ったのに逮捕された人が多数含まれていた。当時父が仕えていた三笠宮が研究会で一緒だった哲学の教授もその一人で、父は三笠宮からの依頼で、その教授の釈放のため警視総監に会った。その際総監は父に「殿下によからぬ者とおつきあいされぬよう申し上げるように」と言われたそうだ。

1950年にコミンフォルムから「平和革命」路線を批判された共産党が、実力闘争で人民広場に突入することを計画したのは事実だったろう。一部の指導者が、事件後中国に密出国するという形で姿を消したということも、この計画があったことを裏づけている。この種の共産党による指導の無責任さが、丸山眞男の「共産党の戦争責任」論を書く動機となったという点については、ほかの機会に書いたので、繰り返しは避けたい（石田雄『丸山眞男との対話』みすず書房、2005年、184頁以下参照）。

占領という形式が終わり、講和条約によって独立したといっても、安保体制の下で駐留軍という名前だけ違った形で米軍が居続けている状態に対し、広い不満があったことは事実である。そのことはメーデー事件の当日米兵の車が焼かれ、米兵自身が濠に投げこまれたと伝えられたことからも明らかであろう。しかし、そのような広範囲にみられた不満が運動として有効に組織されたかといえば、答えは明らかに否である。安保体制に対抗する運動をどのように組織するかという課題との取り組みは、これから長い時間をかけて試行錯誤を繰り返すこととなる。

column…13

内灘闘争と清水幾太郎

1952年4月発効の安全保障条約で基地の自由使用をアメリカに認めたことから起こった基地問題は、多くの基地反対闘争を生むことになった。その中で最も早い例の一つが52年9月に始まった石川県内灘試射場接収反対闘争であった。私は当時何回か内灘に調査に入り、53年11月号『世界』には若林明夫というペンネームで、「内灘は訴える」という特集の中で現状報告を書いた。

内灘闘争は反基地闘争の中で最も早く、経験も乏しかったこともあり、さまざまな困難に直面し、結局成功しなかった。その難しさは、結局勝利に終わった砂川闘争と比べると、とりわけ明らかになる。第一の困難は、この試射場が進行中の朝鮮戦争とも関連して、砲弾の生産をする国内の軍需産業の利益と不可分の関係にあった点である。第二に「金は一時、土地は万年」というスローガンが闘争に用いられたが、農業が中心の砂川と異なり、漁業中心のこの地域では、砂浜をめぐる問題については、全村・全階層の利益が一致していなかった点に困難があった。すなわち大船主は漁業補償を利用して大型発動機船を購入し、浜漁業からアブれた安い労働力を使って、遠くに出かけて漁業をすればよい。それに対して試射場に接収されることで最も打撃を受けるのは、地曳網漁に依存していた貧漁民であり、それでとれた魚を行商する「かつぎ売り」（あるいは「振り売り」）で生計を支えていた「おかか」（女性）たちであった。第三に、このような業種や階層に伴う利益関心の違いは字《アザ》の間の対立、あるいは字の中の有力者支配の問題とからんで複雑な状況を生み出していた。

こうした状況の結果、当初全村一致で反対という姿勢を示していた運動も、次第に村の上層が条件闘争に変わり、さらには「愛村同志会」という積極的な誘致派も生み出した。村長の指導の下に作られたこの愛村同志会は、「愛村は愛国に通じる。国のためには試射も必要だ」という論理を使うだけでなく、何よりも「よそ者が反対をあおるのはけしからぬ。よそ者を村からたたき出せ」と主張する。

この場合「よそ者」として排除されたのは、基地反対を主張する社・共両党や、弾丸輸送拒否闘争をした北陸鉄道労働組合、あるいは総評のような全国的な組合組織、そしてそれらの運動を支持する知識人であった。その知識人の代表が清水幾太郎で、『世界』の特集でも村長と清水の論文が、二人の対立を明らかに示している。中山又次郎村長の論文によれば、清水は編著『基地の子』や『基地日本』などで、「全国にくすぶっている小さい火を集めて大きな火となす」という方法で「革命を企てる一つの手段」としていると非難し、基地といってもそれぞれ条件が違うのだから、その問題の解決は個別の地域に委ねるべきだという。

これに対して清水は、「世に学問というものがあり、学者というものがありますのは、人々を偏見と宣伝から解放するものであります」と学者の存在理由を強調する。そして総合雑誌をよく読んで、そこに示されている学者の意見に耳を傾けるよう説教する。そこにはある種の権威主義の傾向がみられるのが気になる。実は、私が調査中に、清水のもっと露骨な権威主義的発言の事例に出会った。何人かの信頼できる人からきいたので間違いないと思うが、清水が内灘の集会で次の趣旨の発言をしたという。「私は皇太子が学んでいる学習院で教えている者です。だから私の言うことを信じなさい」と。私はこの事例に接して、それは十分ありうることだと驚かなかった。それは個人的に次のような体験をしていたからである。

1951年丸山眞男が結核で国立中野療養所に入院した。当時はまだ食糧が十分でなく、中野療養所の支給する食事では栄養が足りないので、多くの患者はお病院内で認められていた個人の炊事で栄養補給をしていた。丸山の栄養を心配した親しい友人たち、野間宏、木下順二らが相談して援助をすることを決め、彼らと親しかった私に世話役を依頼した。つまり「未来の会」などで集まっていた友人たちが若干の金を出し合い、その金で炊事をしなくても栄養がとれるチーズなどを買って療養所に届けることにした。二〇世紀研究所などで丸山と親しかった清水にも声をかけたらというので私は岩波書店で清水に会った。趣旨を説明し、私が普通のノートに寄付者の名簿を書き、普通の領収書を出しているのをみて清水は言った。「そんなやり方ではだめだ。ちゃんとした奉書の立派な紙に、最初に岩波雄二郎、一金何万円也と書いて次にまわすようにしなければ」と。私は唖然とした。祭礼の寄付ではないのにと思ったが、それは言えず、ただ今回の企ては本当に親しい人たちが内輪でやっているので、金額を増やすことが目的ではないことを説明し、結局清水の寄付は一回でやめることにした。

清水が目的達成のためには「世間の常識」を尊重し、時には必要な権威も使うべきだという現実主義的態度をとっていることは、かねてから気づいていた。一緒に研究会をやっている際に、私がある時G・H・ミードの理論を使ったら、清水に「今頃ミードなの」と軽蔑されたことがある。彼は最新の学説を使うことが、その論文の説得力を高める方法として「世間の常識」と受け止めていたようだ。そしてこのような「現実主義」的態度が彼を時代の要請に応じた強力な扇動家としての能力を発揮させた秘密でもあった。その能力が最後に、見事に示されたのは、60年安保闘争に際して「今こそ国会へ――請願のすすめ」を『世界』5月号に書いた時だった。しかし時代の動きに敏感で世間の常識を尊重する現実主義者清水の言論内容は次第に右に傾き、ついには日本核武装の提言にまで至るという——ことは内灘闘争当時は夢想することもできなかった。

column…14

60年安保と江藤淳・石原愼太郎

60年安保闘争は、戦後社会運動の歴史において、いろいろな意味で最大の昂揚期であったと同時に、重要な転機をなすものといえる。その転機の一つとして「知識人」の役割と総合雑誌の影響力の変化をあげることができる。実は、60年安保の前史としての警職法改正反対運動の時に、新たに登場した週刊誌が「デートも邪魔する警職法」という見出しで大きな政治的効果を発揮したという点で、すでに右にあげた変化の予兆を示していた。この変化がやがて総合雑誌から週刊誌へ、さらには活字メディアから映像メディアへという情報媒体の変化に伴う「知識人」の役割低下を明らかに示すようになる。その意味では、社会運動で「知識人」が役割を果たした最後の機会が60年安保闘争だったともいえる。

1960年5月19〜20日の改定安保条約強行採決以後、民主主義を守れという広い世論がみられる中で6月2日約1500名を集めて「民主主義を守る全国学者・研究者の会」が結成された。これまで組合にも入らず、デモをする機会がなかった教授たちも、はじめて大学別の札を掲げてデモをすることになった。この会を作る準備会の時、私は「学者」を自称するのはいやだから「研究者」だけにすべきだという意見を述べたが、賛同がえられなかった。

「学者」とならんで「知識人」とよばれた人たちに文学者や芸術家がいた。その中で20代の作家、開高健・石原愼太郎・江藤淳・大江健三郎、それに芸術家の羽仁進などが集まって「若い日本の会」という組織を立ち上げ、改定安保反対、民主主義を守る集会をやるから話しに来て欲しいという依頼があった。集会の後、江藤淳が、石原や私などと一緒に自民党反主流派の政治指導者たちに会おうと提案した。誰がどのように準備したかは記憶にないが、最初に松村謙三に会った。松村は持論である日中友好論を始め、数千年来の歴史から長い話が続く。隣できいていた石原がいらだっていることは、彼が神経質に目ばたきをすることで明らかだった。これにこりたのか、石原はその後三木武夫、石橋湛山との会合には来なかった。しかしその後の石原の言動をみると、とにかく20代の石原が松村の長い日中友好論を、一応神妙にきいていたことが、おかしみを持って思い起こされる。2010年9月5日放映のETV特集「60年安保――市民たちの一ヵ月」の中でインタヴューに応じた石原は、この運動全体を情動的なものと規定しているようにみえる。当時の運動にその面があったとしても、運動が全体として平和や民主主義という普遍主義的な志向を持っていたことは明らかである。石原自身はその後今日に至るまで、軍事力依存を主張し、情動的な排外主義をあおっていることを考える時、60年当時における自分の役割をどう評価するかという点と、その後の言動との関連を明らかにすることは公人としての責任だと思う。

三木・石橋との会議については、松村との会談も含め江藤が『中央公論』60年7月号に「『声なきもの』も起ちあがる」という論文で触れているので詳しく述べることは省略する。それを省略するもう一つの理由は、江藤自身も論文で書いているように、こうした会見の効果が期待できなかったからである。実は江藤自身が、この『中央公論』の論文を書いた後に、『声なきもの』も起ちあがる」ことへの期待を失い、「暴力を排し議会主義を守れ」という6月17日の7社共同宣言の線へと方向を変えていく。さらにその後の江藤の論調の変化も興味ある主題だが、それに立ち入ることより重要なのは、江藤の変化と時を同じくして、新しい市民の動きが起こってきたことである。

6月4日30歳の無名の絵画教師の小林トミが友人と二人で「誰でも入れる声なき声の会」という幕を持って行進を始めたことによって、どのような権威にも頼らない個人の自発性を基礎とした新しい型の運動が発足した。この運動が学生のように激しくはないが、生活に根ざした持続性を持ったことによって、後に「ベ平連」とよばれる広い市民運動の萌芽になるということは、当時江藤と行動をともにしていた私には予見することはできなかった。

60年安保闘争の終焉は、学生運動の指導者に挫折感を与え、江藤ら「知識人」の一部に転向を生み出しただけではなかった。総合雑誌を媒体とした「知識人」（あるいは「進歩的文化人」と皮肉を込めて名づけられた）の影響力にかわって、マスメディアを通じて「有名人」が社会の空気を動かす時代への変化が、この時から始まろうとしていた。その時代の市民運動は、もはや「知識人」の呼びかけによったり、系列化した組織の動員によるものではなく、またメディアに作られた空気によるものでもない、個人の判断を基礎とするものとなる。

column…15

アメリカの市民運動から学んだこと

60年安保闘争が最高潮に達した6月はじめ頃、私は体調を崩して一時寝こむことになった。その時間を利用して、当時バークレイのカリフォルニア大学にいた升味準之輔に手紙を書いて日本で何が起こっているかを記し、アメリカでも実情を説明して欲しいと書いた。当時升味と一緒に本を書いていたR・スカラピーノが、その手紙を調査助手に英訳させ、それを私の許可もなく友人たちに配った。そのような出来事を契機に、スカラピーノが私を招きたいと考え、ロックフェラー財団に依頼し、この財団の支援で私は渡米することになった。

1961年秋、スカラピーノの日程の関係で最初ミシガン大学で3カ月程過ごすことになったが、この大学のキャンパスである日新しい衝撃的な体験をすることになった。一人の学生が、Vigil for Peace（平和の不寝番）という札を持って黙って立っている。多くの学生は無関心で通り過ぎるが、中には「コミュニスト」と罵倒する者もいる。60年安保闘争で、何千何万という人の中でデモをすることに馴れてきた私にとっては、文字通り唯一人で立っているのをみるのは、本当に驚くほかはなかった。どのような信念を持ち、どのような効果を期待して立っているのか、訊ねてみたいと思ったが、当時の私の会話力ではとても無理だと思い、黙って敬意を持ちながら通り過ぎた。

カリフォルニアに移ってから何人かの平和活動家と友人になることができた。その中心となったL・スズキは日系一世の画家で、アメリカの青年代表として北京に行ったこともあり、その時に知り合ったフィリピンの女性と結婚していた。その仲間のF・ヘリングはWILPF（平和と自由のための婦人国際連盟）の活動家で、これらの仲間が1962年8月サンフランシスコで、はじめてヒロシマ平和行進を組織した。その時には200人ほど集まったが、通常ははるかに数は少なく、少数であることを恐れず、自分たちの信ずるところに従って運動しているのが印象的であった。

L・スズキは以前ニューヨークにいて、左翼の人たちとも交流があり、その関係でフォーク・シンガーのピート・シーガーの夫人の父親にあたる一世の日本人に会うためサンフランシスコに連れていってもらったことがある。彼はマッカーシズムの嵐が吹き荒れていた頃に非米活動委員会によび出されたことがあるという。その時「お前はなぜアメリカ国籍をとっていないのか」と訊ねられ、「このような馬鹿げたことをやる国だからだ」と答えたという。このような人たちと会っていると、ミシガンでみた一人で立っていた学生も例外ではないと思える。ストライキの時でも、日本と違って、数人でプラカードを持って、同じところをぐるぐるまわっているような光景も珍しくない。何とかできるだけ多く動員して、数に頼ろうとする日本との違いが目についた。誰かが提案し、賛同がえられれば、その人が中心になって少人数でもやるという方式は、後に日本でもべ平連では当たり前になったが、それを経験していなかった当時の私にとっては極めて新鮮であった。

滞米2年目には、ハーバード大学に移り、上院議員選挙で民主党のE・ケネディ議員に対抗する無所属平和候補としてS・ヒューズ教授を推す選挙運動にも接することができた。滞米最後の夏の6週間は、ニューヨーク州ロングアイランドでクエーカーが主催した世界大学という実験プロジェクトに教師として参加した。社会主義国を含む国連参加国22カ国から学生を集めたこのプログラムで教えた経験は極めて有益であった

（詳しくは石田雄『政治と文化』東京大学出版会、1969年、31頁以下参照）。その際に地域の「平和のための女性のストライキ」という集団が南部のSNCC（学生非暴力調整委員会）の若者たちを夏休みの慰労のために招いた機会に、交流会を持った。そこで知ったことは困難な状況の中で闘う市民権運動の組織が経験した自己規律の厳しさと、その有効性であった。彼らはロール・プレイ等を通じて官憲や反動団体からの暴力に対して、どのように非暴力の原理を貫くかを、詳しく訓練され、その結果、相手の暴力に挑発されることなく、組織的な非暴力直接行動の効果を発揮することができた。

少数を恐れず自発性を尊重するという、その後日本の市民運動でもみられるようになった特徴のほかに、もう一つ自己規律の重要性を教えられた。60年安保の時に、何とか非暴力による座り込みという形で、全学連の学生と労働者・市民との統一行動がとれないかと、安保改定阻止国民会議の事務局長に提案してきた私としては、非暴力直接行動を有効に組織するには、それだけの訓練が必要だということを痛感させられた。

滞米期間の最後に（テレビを通じてであったが）目撃したワシントン大行進も、市民権運動全体の自己規律の成果ともいえるだろう。リンカーン記念堂前の広場を大群衆が埋め尽くし、『クリスチャン・サイエンス・モニター』によれば、「参加者20万で事故なし」という秩序ある集会であった。正確にはアメリカ・ナチ党員が挑発を試みたが失敗したのが唯一の事故だった。

学生非暴力調整委員会については、その後65年にこの研究をしたH・ジンに詳しく教えてもらうため訪問した機会があった。その時思いがけず、彼と一緒にヴェトナム反戦集会に行くN・チョムスキーと一緒に食事をすることになった。その際私はチョムスキーに「あなたの言語理論とヴェトナム反戦とどのような関係があるのですか」と訊ねた。私にとっては彼の言語理論がデカルト的な普遍主義を基礎としていることとヴェトナムの民族解放闘争を支持していることとの関係を知りたかった。答えは「考えたことはない」というものだった（後に答えているのでは「関係ない」といっている）。傍でジンが「要するに彼はアメリカ政府のやっている戦争に無政府主義的に抵抗しているのだ」とつけ足してくれた。

その後、アメリカの北ヴェトナム空爆の強化に抗議の意思を示すため、私は1968年岩波新書で『平和の政治学』を出したのを機会に、ヴェトナム戦争が終わるまでアメリカを訪問しないことを宣言した。しかし、アメリカの平和活動家との接触は続いた。ベ平連主催の日米市民会議で、ジンと再会したほか、アメリカの平和活動家から予期しない接触もあった。それはマサチューセッツPAXという前述の平和候補支持の団体の人からの手紙で、今度州知事が東京に行くから、会って日本のヴェトナム反戦の世論を伝えて欲しいという依頼だった。手紙に書いてあった日程に従いホテルに連絡して会えることになった。予定された時間に訪ねると、高知県とマサチューセッツ州との姉妹県の祝賀行事が長びいて、ほとんど時間がなくなった。そのようなこともあろうと、あらかじめ用意してあった日本のヴェトナム反戦に関する世論を英文でまとめた論文の抜刷を渡して、日本の世論をよく考えて欲しいと述べた。日本にまで呼びかけて自分の州の知事を動かそうというアメリカの平和活動家の意欲には強い印象を受けた。

ヴェトナム戦争が終わって私がまたアメリカを訪問するようになったのは、1976〜77年にアリゾナ大学大学院で教える機会があった時である。それまで住んだ経験のなかった南西部での生活は、私に新しい教訓を与えることになった。それは南西部が、メキシコ系アメリカ人、および先住民の多い地域だったからである。大学でスペイン語を学んでいる中年の女性に「あなたの出身は？」ときくと、「私はここで生まれ育ったのだけど白人（グリンゴ）が後から来てこの土地を取ったのだ。だからスペイン語もちゃんと学ぶことができなかった」と答える。アリゾナが元来メキシコ領であった歴史を想起させられた。

たまたまアメリカ建国200年祭にあたっていたので、東部で建国以後の歴史を祝っているのに比べて、南西部の先住民たちはその同じ200年を先住民抹殺の歴史として批判している対照を明らかにみることができた。ただ先住民の場合統一した共通言語がないという点で、アフリカ系アメリカ人が彼らに独特のものとはいえ英語を話し、ラテン・アメリカ系アメリカ人がスペイン語を共通語としているのとは異なり、彼らの共同体に入って直接に話をきくことは困難である。私が先住民の調査をするためには、ワシントン州で多くの種族の先住民が英語を共通語として生活している地域に行かなければならなかった。

ともあれ齋藤眞が「アメリカ史の原罪」とよんだ先住民抹殺の歴史を、アメリカ建国の普遍主義的理念の立場からどのように反省するかは、建国の理念が原理主義の方向にゆがめられる傾向のある今日のアメリカでは、深刻な課題となっているといえるだろう。それと同じように、日本国憲法の普遍主義的な理念の観点から、多くの過ちを犯した歴史を反省し、世界平和に向けて、この理念を生かす方向を探ることは、我々の緊急の課題であることを想起させられる。

column…16

「捨て石」と「要石《かなめ》」——二重苦の沖縄

太田昌秀が沖縄復帰前に書いた『醜い日本人——日本の沖縄意識』のはじめの部分で、沖縄の人々が共有している共通認識として「沖縄戦の経験と核基地に住んでいる現実」をあげている（ⅶ頁）。この中で「核基地」の核は、「核ぬき本土なみ」の建前で復帰したのだから、除かれるべきだと思われるかもしれない。しかし今日では有事の核持ち込みについての密約があったことが明らかだから、このままの表現で通用する。著者もそう考えたのであろう、2000年の新版でもそのまま変えることはしていない。

「沖縄戦の経験」を私は「捨て石」として表現し、「核基地に住んでいる現実」をここでは「要石」とよんで、この両面の特徴を私の体験と関連づけながら考えていきたい。ちょうど私が東京湾要塞で米軍の本土上陸に備えて地下壕を掘っていた1945年春、沖縄は「鉄の暴風雨」とよばれる激しい攻撃にさらされていた。大本営は、沖縄を「捨て石」として、ただ本土上陸作戦までに時間を稼ぐため、「玉砕」などによって戦闘を長びかせることを期待した。その結果多くの住民を「集団死」に追い込むなど大きな犠牲を強いた。「沖縄戦の経験」には軍隊は一般市民を守らないだけではなく、その命を危うくするという体験が、この唯一戦場となった沖縄の歴史からの教訓として含まれている。

このようにして米軍に戦闘の結果占領された沖縄は、軍の直接統治下に置かれることになった。武力によってこの「捨て石」を取った米軍は、この地を自分の意思で自由に使える「太平洋の要石」として利用することになった。軍車輌のナンバープレートに示されたこの「要石」(keystone)という表現が、この意味をよく表していた。このように実際上日本の統治から切り離された沖縄は、ヤマトの多数派日本人の関心の対象からも外されることになる。45年12月、新しく女性に参政権を与えることになる選挙法改正は、同時に在日の旧植民地人と沖縄県民から選挙権を奪うこととした。沖縄県民が日本の国政参与から排除されたということに特別に注意を払った人は本土(ヤマト)では少なかった。

その後「戦後改革」によって一連の非軍事化・民主化が行われ、その中心として日本国憲法が位置づけられた時にも、沖縄ではそれとまったく無縁の軍事支配が続いた。実は沖縄の軍事支配は、それと無縁であるのではなく、まさに本土の「平和主義、民主主義を保障する為のいわば保険措置」として沖縄の基地化が図られたのだとダグラス・メンデル教授は言う(太田、2000年、172頁)。

51年に講和条約が締結された時、私たちはこの条約と、それと結びついた安保条約の両方に対して、「単独講和」であると反対した。しかし、この講和条約第3条が沖縄を日本の統治から切り離したことに反対して、条約発効の4月28日を「屈辱の日」として沖縄の人たちが心に刻みつけたことまで、十分に考えようとしなかった。

そして56年プライス勧告が、米国下院軍事特別委員会分科会報告書として出され、その中に「制約なき核基地」として、あるいは「日本やフィリピンの親米政権が倒れた場合のよりどころとして極めて重要であること」などの理由から沖縄の軍事拠点としての役割を重視し、従来通りの軍用地政策を含む米軍の占領統治を認めたということを知ったのは、ずっと後になってからである。ただ、その勧告に従って進められた基地のための「銃剣とブルドーザーによる」強引な土地収用が、「島ぐるみ闘争」を生み出していたことについては、50年代後半の砂川闘争との連帯という関係で、ひとしく反基地闘争と理解していた。憲法もなく、自治もない沖縄の特殊性を理解していたとはいえない。

沖縄認識について、私が特に深く反省しているのは、60年安保闘争の際に私の沖縄への関心が欠けていた点である。60年安保闘争の総括として『世界』60年8月号に「現代の政治状況――何を為すべきか」という主題で、丸山眞男・日高六郎など8人の社会科学者が集まって長時間の討論を行った。その司会を私が務めたのだが、雑誌にしては異例に長い討論の中で沖縄について論ずることはまったくなかった。60年安保闘争の後で、急速に安保忘れが進む主な原因は、池田内閣の低姿勢と経済成長への関心の移行だといえるが、本土の基地がすでに50年代後半に減少したことによる面も大きいと思われる。旧安保発効の52年頃から60年頃までに本土の基地が4分の1になったのに対して、沖縄では約2倍になったといわれる（新崎、1996年、26頁）。

日本本土では63年に中野好夫が沖縄資料センターを作ったのが、沖縄への関心が高まる契機となった。私の場合は61年から63年の間はアメリカ滞在中で、まさにアメリカで沖縄への関心を強める機会をえた。すなわち62年バークレイのカリフォルニア大学にいた時、私を招いてくれた教授の調査助手として、公私ともに私の面倒をみてくれたのが沖縄からアメリカ留学していた比嘉幹郎（後に琉大教授・副知事）であった。彼のプライス勧告など沖縄の米軍統治に関する論文を読んで、はじめて事態の深刻さに衝撃を受けた。その翌年ハーバード大学に移った際にも、同じく沖縄から留学していた比嘉正範（後にハワイ大、筑波大教授）に会って、片手を失った彼自身の姿に沖縄戦の悲惨な体験を印象づけられた。

このように滞米中に沖縄への関心を高められた私は、66年フランスで行われた国際社会学会で報告する機会があったのを利用して、帰途沖縄に立ち寄ることとした。当時なお外国なみに扱われていた沖縄を直接体験する好機だと考えたからである。短期間の滞在ではあったが、琉大島袋邦教授の配慮によって、基地に支配された状況と沖縄の世論について直接に強い印象を受けた。一言でいえば、国際社会学会の際夜間に番外で行われたヴェトナム反戦集会に参加した後で、沖縄を訪ねると、B52の存在や基地周辺の事故・犯罪が、この地を直接ヴェトナムにつながっている場所として意識させるということである。

沖縄を直接に体験したことを手がかりに、66年12月11日号『朝日ジャーナル』に私は「日本のなかのアジア——その象徴としての沖縄」を書いた。私が沖縄を「日本のなかのアジア」として特徴づけた理由は三つあった。第一には、アメリカ極東戦略の「要石」として軍事基地の集中する沖縄は、アジアの戦争と平和の問題が集約された場所であること。第二に沖縄は日本の中での南北問題が集約された地域であること。そして第三に沖縄は、全県が本多勝一の描いた「戦場の村」(ヴェトナム戦レポートの題名)への基地となったところで、現在のヴェトナムの「戦場の村」に最も多く共感できる要素を持っているという点である(詳しくは石田、1973年、235頁参照)。

その後も「日本のなかのアジア」として沖縄をとらえる私の見方は続けられた。68年5月号の『世界』で「アジアのなかの日本」という主題で、竹内好・堀田善衛・加藤周一と4人で討論した時にも、私は次のように述べた。「アジアのなかの日本」というとらえ方の中には、国内で志を遂げられず、「大陸浪人」などの形でアジアに「雄飛」するという傾向も含まれていたのに対して、日本の中のアジアともいうべき沖縄の問題と真剣に取り組むことによって、アジアの平和に向けての連帯を作り上げることを強調すべきではないかと。「大アジア主義」とか「大東亜共栄圏」とかいう大義名分で遂行された侵略戦争が遠い過去となり、中国やインドというようなアジア諸国が経済成長のチャンピオンとなっている今日からみると、この討論で主題となった意味でのアジアは、もはや時代遅れのようにみえるかもしれない。しかし、ここで私が「日本のなかのアジア」として提起した沖縄の問題は、今日まで未解決であり続けている。

ここで私が指摘した沖縄の問題は72年の沖縄「祖国復帰」によっても解決しなかった。そのことは、当時における本土と沖縄との世論の落差にも示唆されているように思われる。72年には私はメキシコで教えていたので、直接感じることはできなかったが、復帰実現の5月15日全国紙が祝賀ムードの論調に満ちていたのに対し、沖縄二紙にはまったく祝意を表する姿勢はなく、うち一紙は日本国憲法全文を掲載したという。すなわち沖縄の多数の人にとって、復帰の主要な意味は、日本国憲法の下に入る点にあったということを本土の多数の人は十分理解していなかった。

このようにして、またしても沖縄の多くの人たちは、本土に裏切られたという印象を持ったに違いない。憲法は、基地を認める安保条約を是正するように政府を動かす力を持っていなかった。より正確にいえば主権者である人民の多数が、憲法を生かして安保をなくす方向に政府を動かす力がなかったということである。すなわち日本全領土の0・6%しかない沖縄に、日本にある米軍基地の4分の3が集中している状況が続いている。これを人口で計算すると、沖縄人の一人あたりの基地負担は、ヤマト日本人の280倍(嘉手納町の場合、それは1480倍)になっている(『琉球新報』2010年5月15日――ラミス、2010年、235頁)。基地の集中は当然それに伴う軍関係者の犯罪、事故の犠牲者が、それだけ多いという結果となる。

基地関係アメリカ人の犯罪に関しては、旧安保当時の行政協定第17条から、改定安保後の地位協定第17条に引き継がれて、公用外の軍人および家族の犯罪に対して日本側が第一次裁判権を持つことになっている。しかし密約によって日本にとって著しく重要と考えられる事件以外については「第一次裁判権を行使するつもりはない」とされてきた(吉田敏浩、2010年、46頁)。沖縄県警の1998年統計によると、復帰後26年間に米軍人・軍属・家族による凶悪犯罪（殺人・強盗・放火・強姦）656件、うち強姦128件となっている（梅林、2002年、149頁）。性犯罪の場合は、実数ははるかに多いと推測される。1995年、少女暴行事件に対する怒りから8万5000人の県民集会が催されるに至ったのは、1955年由美子ちゃん事件として知られる6歳の幼女が暴行殺害された事件など、数多くの犯罪への記憶が蓄積された結果である。95年の事件を契機に、地位協定改定を求める世論に動かされ、日米両政府は「運用の改善」に着手し、「殺人または強姦という凶悪犯罪」に限って、日本側が起訴前の身柄引渡しを要請すれば、アメリカ側は「好意的考慮を払う」という改善がされた。しかし、これも「考慮を払う」ことに頼るという屈辱的なものにすぎなかった（吉田敏浩、2010年、8頁）。

基地に伴う事故に関しても同じような記憶の蓄積がある。2004年8月の沖縄国際大学構内へのヘリコプター墜落事故は、幸いにして死傷者を出さなかったが、過去に繰り返された事故を想起させる出来事であった。その中には1959年宮森小学校に戦闘機が墜落し、生徒11名を含む17名が死亡、重軽傷者131名という悲惨なものもあった。

このように周辺住民に犠牲を強いる基地が、沖縄に集中しているという事実は、その基地受け入れの根拠となっている安保条約に対する世論にも反映している。すなわち『琉球新報』2010年5月31日号の報じるところでは、全国の安保条約支持率が75％であるのに対して、沖縄では7％という極端な違いを示している（ラミス、2010年、236頁）。要するに本土の多くの人は、遠く沖縄に集中している基地がどれほど危険なものかを考えてもみないで、アメリカの核抑止に依存しているのだから、基地を認める安保条約に賛成するという態度をとっているものと思われる。

振り返ってみると「捨て石」「要石」の二重苦に悩まされてきた沖縄の状況を、復帰後も解決することなく、憲法と安保の矛盾を沖縄にしわよせする形で今日に至っているというべきであろう。

私自身の反省をすれば、東京で生活している日常の中で、ややもすると沖縄の直面する深刻な問題への感受性が弱くなっていたことを認めざるをえない。そのことに気づかせてくれたのは、60年代に続いてまたしても80年代における海外での体験であった。85〜86年の間に西ベルリンの高等学術研究所にフェローとして招かれていた時のことである。ある日研究所を訪ねてきたI・イリッチと久し振りに会う機会があった。イリッチとは80年横浜で国際平和研究学会（IPRA）などが主催した「アジア平和研究国際会議」の同じ部会で報告した時以来の旧知である。81〜82年の間私が西ベルリンの自由大学で教えていた時には、イリッチがこの研究所のフェローとして滞在していたので、その際にも会う機会があった。今度は彼のほうが私を研究所に訪ねてくることになり、玉野井芳郎（東大・沖縄国際大教授）が亡くなったという知らせをもたらした。イリッチが玉野井と親交があることは、玉野井がイリッチの『シャドウ・ワーク』の訳者であることからも自然と思われたが、実はイリッチの玉野井への関心は、彼が地域主義の立場から沖縄で発信をしていることにあった。そのことは次のようなイリッチの提案からも明らかになった。

イリッチは当時沖縄で教えていた宇井純を高等学術研究所のフェローに推薦しようと思うがどうかという話をした。私は大賛成だが、自分としては推薦する権限はないから然るべき方法で推薦してもらえれば、意見をきかれた時私からも支持しようと答えた。振り返ってみると、イリッチは横浜の会議の際にも、平和研究を学校のカリキュラムに入れようという提案に対し、『脱学校の社会』の著者らしく、正式のカリキュラムに入れて採点をするようになると、平和のための教育にはならないと反対していた。ちなみに彼がドイツで教えていた時には採点はしなかったと言っていた。

ともあれ、中央から規制された学校制度に批判的なイリッチは、広く中央と周辺の問題から、あるいは南北問題の視点から、沖縄に関心を示し、東大闘争の中から自主講座を立ち上げた宇井を高く評価するようになったのは、極めて自然な成りゆきであったと思われた。宇井を研究所に招こうというイリッチの考えは、結局実現することはなかったが、玉野井の訃報とともに、私に沖縄への関心をかりたてる契機となった。

主題にかえっていえば、沖縄における基地集中への不満は、1995年の少女暴行事件に対する8万人を超える集会や県民投票の結果など、全国紙でも報道はされるが、沖縄の現地での切実な関心との落差は明らかである。最近の政権交代後の期待とそれが裏切られた幻滅に伴う沖縄の不満は、プラカードの「怒」という文字に象徴されるマグマとして今や頂点に達しようとしている。ここまで事態を放置したのは、平素多数の人が接する全国紙や本土のメディアが無関心であったことによるところが大きい。しかしそのことの責任も含めて、ヤマトの多数者は、沖縄に対する正確な認識の欠如を厳しく問われているといわなければならない。

結章

安保と原発にどう向き合うか

——命を大切にする見方から

1　人間の生存を脅かす安保と原発

この本は序章で述べたように、元来安保を扱うものとして書き始められた。しかし3・11を経験することによって、安保と原発の両方を扱うことに目的を変えた。

原発事故によって、その危うさが誰の目にも明らかになったということは、安全神話で守られていた原発をめぐる聖域の壁の一角が崩れ始めたことにほかならない。このことの衝撃を、私たちはどのように生かせばいいのか。それを考察することは、原発の場合と同様の聖域に守られている安保について考える場合にも、極めて重要な手がかりを与えるものとなろう。

さてそのようにして、この本は二頭のウサギを追うことになった。しかしこの二頭のウサギは幸いに同じ方向に向かって走っているので、それを追うことで多岐亡羊（多くの道で羊を見失うこと）に陥る心配はないと思われる。とはいってもこの課題を完全に果たすためには、原発についても安保についてこれまで扱った3章と同じだけの作業を必要とする。しかし、残念ながら私の体力には限界がある。とりわけ2011年4月から左目の外転神経麻痺という病で片目の生活をしばらく強いられることになり、あと3章を扱うだけの余力は残されていないようだ。

そこでこの結章で、一挙に安保と原発という二つの主題をまとめて扱うこととしたい。しかし、安保について論じてきた私のこれまでの叙述を追ってこられた読者にとっては、安保と原発という両方の聖域化に共通した構造があるということを指摘することによって、原発に関する三つの論点、すなわち①原発における聖域、②原発の危うさ、③原発に対する反対運動を扱う、という原発をめぐる問題の本質に迫ることは決して困難ではないだろうと思われる。

それゆえこの結章ではまず、3・11が日本人に与えた衝撃の性格から出発する。次に安保と原発の聖域の構造の類似性を要約し、その後に両者に立ち向かう方向をそれぞれについてみていきたい。そして最後に、私の個人的体験に根ざして普通の市民としてできることについて特に強調したい点を述べて締めくくりたい。

3・11ですべての建物が一掃された光景をみると、私たち戦中派がまず思い起こすのは、空襲で廃墟と化した街並みである。たとえば敗戦直後、私は毎日お茶の水駅から東京大学に歩いて通っていたが、空腹と腰痛のために大学まで休まずに歩き続けることは困難であった。そこで、ちょうど真ん中にあたる、本郷1丁目の角にあった石に腰をかけて休むのが私の日課だった。その時に四方を見渡すと、みえるかぎりのところはすべて焼け野原であり、赤門前の古いビルとその先だけが焼け残っているという状態であった。

ところが戦中派でない人でも、3・11の衝撃は生存を意識化する体験になったということが、最近私にわかってきた。そのことについては、竹内好の研究をしている中国社会科学院の研究者・孫歌が『図書新聞』(2011年5月21日号)に書いている。すなわち、彼女が竹内好の長女裕子からもらった手紙の中に、戦後派でありながら千葉県にいて計画停電の体験をすることによって、「生まれてはじめて生存というものについて意識するようになった」という内容のことが書かれていたという。このことから孫歌は、「過剰消費が当たり前になっていた毎日の生活の中で、生存を意識化するというのは貴重な機会である。それはこれまでの日常的な生存が、どのような条件によって支えられてきたかを反省する契機にもなり、持続的な生存をどのような方向で考えるべきかを追求するきっかけにもなる」と、3・11の意味を要約している。

ただ私の恐れるのは、すべての日本人がこのような生存の意識化を成しえたわけではないことだ。もちろん被災者とそれに同情を持ったボランティアの方々は、その体験から生存の意識化があったのは当然であろう。

しかし遠く離れた地に住む人たちの中には(無論その中には福島の原発から多くの電力を使わせてもらった人たちも大勢いるわけであるが)、被災者や被災地の写真をみても、ちょうど66年前の戦災地の写真をみるのと同じような感覚しか持たない人も数多くいるはずだ。つまりこうした人たちは、戦前の経験は時間的な距離によって、そして今回の災害の経験は空間的な距離によってその感受性を乏しくしているのではないかという危惧を私は持っている。

とりわけ人災である福島の被害についていえば、その被害が直接はみえにくいという点で多くの日本人が必ずしも敏感でなかったということ、さらに生存の問題が「生存権」という普遍的な理念でとらえられていなかったところに問題があると思っている。

2　日本における生存権の意識化の遅れ

日本における生存権の意識化の遅れとでもいうべき現象を、より明らかに識別するためには、直接には被害の及ばないはるか離れたドイツの状態と比較してみることも、あるいは役に立つかもしれない。すなわちドイツでは3月11日の翌日に、バーデン・ビュルテンベルクで6万人規模の反原発デモがあった。そしてメルケル首相は、前政権のシュレーダー政権が進めてきた脱原子力政策を見直す方針を決めていたが、福島第一原発の事故を受けて、事故3日後の3月14日には、再度脱原発へ向けた政策に転換する意向を明らかにした。それはメルケル首相の先見の明というだけではなく、実は間近に控えていた州選挙のことを心配していたからであろう。しかし結果は危惧していたとおりとなり、バーデン・ビュルテンベルクでそれまでの保守的なキリスト教民主同盟の政府にかわって緑の党を中心とする新しい政権が生まれることとなった。

その後メルケル政権は、原発問題に関する徹底討議を17人の諮問委員会（正式名称「安全なエネルギー供給のための倫理委員会」）に委嘱した。そしてこの諮問委員会は、11時間にわたって全面公開の討論を行い、その後の答申に従ってメルケル政権は、6月6日に2022年までに原発を全面廃止するという閣議決定をするに至った。

ドイツにおいてもう一つ重要なことは、メディアの動きである。事故から10日後週刊誌『シュピーゲル』(3月21日号)では、「フクシマ」という大特集を45頁にわたって組み、これは私が原発事故について最初に読んだ詳細な報告であった。この時期に日本のメディアでは、まだこれだけのまとまった報告は発表されていない。その後、約2カ月後の5月24日になってはじめて『週刊朝日』が特集号で「原発と人間」という主題を扱った。そして7月13日になってやっと『朝日新聞』は、その社説で脱原発の方向を出したわけである。

しかし『週刊朝日』特集号より1日早い5月23日には、『シュピーゲル』はまた小特集「原子力国」を組み、「原子力ムラ」による原子力カルテルの支配の実情を見事に描いた。そこには、世論と政策が相互に規定し合いながら動いていったドイツの敏感さを読み取ることができる。

それからイタリアでは、原発再開の是非を問う国民投票が行われ、投票率は57%に達し国民投票が有効とされる定足率50%を超えた。そして結果は、9割以上の人が原発に反対するという事態が起こっている。ちなみに日本の石原伸晃自民党幹事長は、これを「集団ヒステリー」とよんでいるが、このことは、彼自身の感覚がいかにドイツやイタリアのそれと違うかということを如実に示している。

今みてきたように、確かにドイツとイタリアでは政策の決定の手続は違う。ドイツのほうはいわば熟議的民主主義に近いのに対し、イタリアのほうは国民投票という制度を利用したある種の直接民主主義である。しかしいずれにしても、代議制民主主義をそれぞれのやり方で補いながら、原発についての非常に敏感な政策決定を成しえたわけである。このことはまさに、原発の問題が生存「権」にかかわるということ、そして原発事故は遠く離れた極東の問題ではないということが意識されていたからであろう。

そこで当然予想される反論は、「それではフランスはどうなのか」という議論である。確かにフランスにも原発反対の運動はあったが、しかし政策としては原発推進が続いている。その背景としては、一つは核兵器を持つことによって国際的な威信を保っているという柱、もう一つの柱は原発依存で経済を運営しているということ。それから3番目の柱としては原発輸出国として経済の繁栄を図っているということ。こういう事情が、フランスでの原発に関する聖域を形成しているといえる。フランスの場合には、その聖域に守られて原発推進という政策が続行されるわけだ。

そこで日本に関しても、原発の聖域がどのように守られてきたかということを考えてみる必要がある。

3　安保と原発における聖域化の類似性①
――その消極面

これまで安保に関する政策をみてきたことからも明らかなように、聖域を守るというのは、消極面と積極面という二つの意味を持つ。すなわち、その問題のはらんでいる危うさを意識させないようにする消極面と、他方ではそれが大義名分（とりわけ国家に関する大義名分）の実現にかかわる点を強調することによって異論を封じ込め、賛成の世論を動員するという積極面の二つである。この消極・積極両面があったわけであるが、この両面性について、その両面のそれぞれ持っている役割については、安保と原発が非常に似ているということを次に明らかにしたいと思う。

まず消極面であるが、これは危うさから関心を除いていくということで、安保についてはすでに第1章でみた。要約すれば、安保というのは外からの脅威にたいする予防であり、武力行使はしないのが最もいいことだということを強調する。これを「脅威を予防する」というが、実は抑止力の強化というのは相手の抑止力の強化を生み出し軍拡競争で緊張激化になりうる可能性を持っているが、その問題には触れないわけである。またそれだけではなく、実際には「これは予防的だ」といいながら予防先制という形でイラク攻撃を行うわけだ。そして、予防先制を行う米軍への協力が安保のもとになされるという事態がある。

これは、イラク攻撃に加担した側の日本人の意識にはほとんど上っていないが、しかし被害者の側からみると、そのような間接的加担も明らかに侵略者の一部であって、これは報復の対象になりうるわけである。たとえばイラクにおいて日本人人質が犠牲になったというのもその一つの例である。

他方原発についてみてみると、まず何よりも消極面では安全神話の形成というものが決定的な意味を持った。そのために電力会社は、おそらく日本で最大の広告費を使っているだろうといわれる。東電だけでも毎年四百数十億円の費用を出しており、全部の原発関係の費用をあわせると当然日本で最大の広告費を出していることになる。それだけの広告費を出して、反対論者の言論界への登場を事実上阻止してきたというのが、これまでの状況である。

そして電力会社は、「技術大国日本」という触れ込みを喧伝し、技術の進歩によって原発の事故は防げるのだと主張してきたわけであるが、実際にはその原発の技術はアメリカから取り入れたものであり、決して日本独自の技術発展でも安全維持でもなかったことは明らかである。とりわけ今回のような激しい地震や津波という要素が「想定外」という問題は、私たちに大きな衝撃を与えたということはいうまでもない。

特に日本で注目すべき点は、広島・長崎およびビキニを経験した日本において、どうしてこの原発の危うさが見逃されてきたかという点である。これは加納実紀代の「ヒロシマとフクシマのあいだ」という『インパクション』180号に載った論文でも非常によく分析されているところであるが、日本の場合には意識的に原爆と原発の連続性を絶ち切っただけではなく、それを二項対立にした。つまり実際には、原爆のために開発された技術が、アイゼンハワーの「原子力の平和利用」といううたい文句に踊らされ、経済的な利益のために日本に導入されたわけである。

その場合に、広島・長崎に落とされた原爆に対する、あるいはビキニ環礁での第五福竜丸の被曝に対する日本人の恐怖感が妨げにならないように、「原爆は破壊のための利用であり、原発は建設のための利用である」という二項対立を作った。つまり、「原爆は戦争のためだ」「原発は平和のためだ」と、原爆と原発を二項対立の図式にしてしまったわけだ。

それへの重要な契機は、とりわけアメリカCIAなどからのテコ入れによって、

1955年11月1日からの6日間、読売新聞社主催の下に日比谷公園で開かれた「原子力平和利用博覧会」に26万数千人もの人員が動員された事実である。その後この博覧会は、全国7都市を巡回したが、特に重要なのは広島だった。すなわち、1956年5月末から3週間、広島県、広島市、広島大学、アメリカ文化センターおよび中国新聞社の共同主催で、完成したばかりの広島平和記念資料館も使って大規模に行われた。これは原爆の影響とビキニ水爆実験で原水爆禁止運動が昂揚しているのに対抗する形で意識的にやられたものであり、時によっては「原爆の罪ほろぼし」だとさえうたって、その説得にあたったわけである。

そのようなことを考えると、原発の消極的聖域の持っていた意味は極めて大きい。それは、今述べてきたように、巨額の広告費による世論形成の面でも、「原爆は戦争」「原発は平和」という二項対立の面でも大きな意味を持っているということだ。そして一時的であったにせよ、被爆者の間でさえこうした二項対立の考え方を持つ人がいたということも重要だ。

そうなると、もう一度世界の被爆者（世界には太平洋諸島の被曝者、原爆を作った労働者の被曝者、その他たくさんの被曝者がいる）の立場に立って、この広島と福島のつながりを再検討する時が来ていると思われる。

4　安保と原発における聖域化の類似性②
――その積極面

次に積極面について論じてみよう。すなわち、積極面は大義名分による世論動員という側面を持っている。安保の場合はすでにみたように、国家の安全保障という名目、つまり国家という抽象概念で国民を動員していく。そしてこの抽象性を補うために、「抑止力がないと外からの脅威に負けて侵略される」という形で恐怖感をあおり、これを支えていこうとする。しかし、はたしてこうしたメカニズムによって国家が国民の安全を守ることに合理性があるのかどうか。そこにはいくつもの問題があると私は考える。

一つは前も述べたように、抑止力を強化することが逆効果となり、緊張を激化させるという側面がある。そもそも敵を殺すことで安全を守る、という考え方自身にも問題がある。また、「テロリストはすべて敵である」ということになると、逆にその報復はいつ誰に向かってされるか、どこでやられるかわからないという難しい問題をまた引き起こしてくる。

第二の問題としては、国家を守るということは、はたしてその国に住む人間を守ることになるのかという問題である。これは沖縄戦の場合を考えてみれば明らかなことで、結局軍隊は沖縄の民間人を利用しただけではなくて、集団死に追い込み、場合によってはスパイとみなして直接殺したという事実がある。これに加えて、現在の沖縄の基地に伴う事故や犯罪を考えてみても、国家を守るということがその国の住民を守るということになるのかという問題が当然出てくる。

他方原発をみてみると、原発についての積極的聖域の議論としては、エネルギー資源に乏しい日本では、核エネルギーによって経済を繁栄させることが国際競争力を維持し、国益を守ることになるのだという論理がある。つまり、「原発は国家経済繁栄の基礎だ」ということが、その推進の積極面を支える論理であるが、それを逆にいえば、「原発がないとエネルギーが不足する、あるいはエネルギーの値段が高くなる」「それによって場合によっては企業が外国に移転しなければならなくなる」といった論理で、日本経済が危なくなるというシナリオを描いてみせる。

ただし、原発停止による発電量の低下が、私たちのどれだけの節電で賄えるのか。どれだけが再生可能なエネルギーその他のエネルギーで代替できるのか。そのためには、我々がどのような生活を受け入れ、仮に電気料金が値上げされたら、我々はそれをどれだけ負担すればいいのか。こうした問題に目をつぶることなく考えることは、未来の世代に対する私たちの責務であるといえよう。

もともと原発による電力は安いという数字は、「エネルギー白書」(2010年)などに示されたところによっているが、その数字は電気事業連合会が提出した資料によるもので、その算定根拠に問題があるといわれている(大島、2011年、89頁)。それだけではなく、この数字には電源三法による原発立地への交付金や、核廃棄物の最終処理に至る経費を含んでいない点からも「原発は安い」という神話は再検討を要する。

つまり、これらの問題をすべて考えた上で、将来の世代が今、発言権がないからといって、将来の世代に放射能の影響を残すという形で原発を使い続けることがはたして許されるのか。そのことをよく検討し、私たちは原発の選択をしていかなければならない。

また、原発を日本の核武装の潜在力として維持しようという考え方については、安保の場合にみられた武力による抑止の問題と同じ危うさを考えなければならない。

5 命を尊重すれば聖域の壁は崩れる

安保と原発という二つの問題は、ともに「命に対する脅威の問題」として共通している。しかも、この共通した問題は、既成事実として今日まで脈々と積み重ねられてきている。そして、その既得権にかかわる人たちが権力者を動かし、今日に至るまで惰性として走り続けてきたという傾向は否定できない。一方で、聖域の消極面のところでも説明したが、巨額の広告費による世論形成が、私たちの問いかけの可能性の芽を摘んできた。しかし今、原発事故を契機に少しずつではあるが、問いかけの始まりがみられる。

そこで次に、これまで隠されていた情報が少しずつ出始めたのを契機に、この聖域の壁をどのように崩せばいいのかということを考えてみたいと思う。

その基本的な問題は、福沢諭吉の表現を借りれば「議論の本位を定める」ということで、それはすなわち「議論の前提となる価値選択をまず明らかにする」ということである。このような価値的前提は、およそすべての議論（マックス・ウェーバーはおよそ価値的前提のない議論はないことを意識化すべきだと言っている）だけではなく、すべての政策の背後にあるはずである。

しかし多くの人はそれを意識していない。だから、それをまず意識化して、それが何であるかということを問うことが、ここでは一番大切な問題となるわけだ。私がその際に、この安保と原発に関して議論の本位を決める価値的前提として定めているものは、「すべての人間の命を尊重する」ということを中心に置くことだ。これを安保についていえば、敵あるいはテロリストだから殺さなければならないとするならば、敵は生きるに値しない人間だということをどうして証明することができるのかという問題が提起される。もちろん犯罪者は社会の安全を守るために拘束されなければならないが、しかしその人間が生きるに値しないと判断できる人間はいないはずである。これは死刑がいいかどうかという問題にもかかわってくる。

　まして殺人を命じられた人、つまり軍人はどのような立場に置かれるのか。私がかつてそうであったように、命ぜられたままに人を殺してよいかという問題がある。軍人においても今や人権意識が高まってきているので、敵を人間でないものとみることはできなくなってきている。ましてや、誰が敵だかわからない戦争の場合、誤って市民を殺してしまう場合が多い。猛スピードで走っている車に「止まれ」と命じたが、止まらなかったので射撃したら、殺されたのは出産が近づいて病院に急ぐ妊婦とその夫だったという例もある。そのような状況の結果、深く悩んだ兵士の間に多くの精神障がい者が生まれるに至っている。こうした事例はイラク戦争以来数多く起こっている。

そしてそのことと関係して、そうした軍人が集まっている基地の周辺には犯罪が多発する。たとえば、1995年に沖縄で少女を暴行した3人の米兵の一人は、刑期を終えてアメリカに帰ったのち、今度はアメリカで女子大生を強姦殺害して自殺するという精神的な破たんを示している。

こういう状態を考えると、殺人を目的とする組織そのものが、はたして必要なのかどうかということが問われなければならない。

原発については、日本経済の発展のために多少の放射能に伴う将来の犠牲はやむをえないといえるのであろうか。その犠牲を強いられる人は、おそらく将来の世代の人たちであるから、当然今は発言できない。しかし、そのような人たちは犠牲を強いられるに値する人だと、誰が判断できるのだろうか。

「技術の進歩によって放射能の危険を防げばよい」という意見がある。しかし、核廃棄物の最終処理という難問についてはいまだ解決の道は見出されていない。いわゆる「トイレなきマンション」の状態のままだ。つまり、放射能の危険は今の状態では必ず残り続けるし、どのような形でそれが事故を起こすか非常に判断しにくい。そして放射能が遺伝子に影響を与えるということについては、これは明瞭な事実である。ただその程度について、「どの程度からどの程度でガンの可能性が出る」という資料が乏しいために論証不能になっているにすぎない。そうだとすれば、その放射能の犠牲者がみえないからといって、誰かにその犠牲を将来強いることになる政策は避けるべきだ、と私は考える。

6 安保と原発を誰の視点でみるか

次に「誰の視点でみるか」という点について述べてみたい。

これまで私が述べてきた基本的な価値については、おそらく多くの読者の方に賛同いただけると思う。ところが、私のこの価値に反している安保や原発という政策が、現実には一貫して進められてきた。それはなぜかというと、日本の政策決定者がその危険を意識しないから、あるいは命を危うくするかどうかを中心とするという価値的な前提を意識しようとしないからである。

世論を誘導する言論人についても同様のことがいえる。つまり自分の視点や自分の属する組織の視点からみて、どの選択が有効かを判断する。ここでいう「有効」とは、多くの場合、利潤追求を行うのに有効かどうか、あるいは自分の地位を守るのに有利か、ということである。このような判断が先に立ち、したがって価値的な前提を意識することがなくなってしまう。私は政策決定者や世論の指導者が、意図的に「命を大切にするという価値に反する政策」を進めているとは思わない。ただ多くの人は、価値と無関係に自分の立場を維持しようとする視点から選択を行う。そしてその結果が安保・原発の維持・推進ということになったのだと思う。

コラム10で述べたように、軍隊の指揮官は、通常直接人を殺す立場に置かれた兵士のことを考えることはしない。兵士はただの数の問題でしかない。ましてや、その兵士によって殺される敵国の人たち（その中には市民も含まれる）の運命は、通常顧みられることはない。第二次世界大戦で戦闘に参加し、九死に一生を得たジョン・F・ケネディが大統領になったというのは、むしろ極めてまれな例だといえよう。もっとも、その大統領がヴェトナム戦争をしたということについては、権力者としての地位が政策決定に影響したという要素を考えに入れなければならない。この点に関しては「永久革命としての民主主義」の問題として、次節で論じる。

もう一度もとに戻っていえば、多くの場合、指揮官はずっと指揮官であり、政治指導者はずっと政治指導者である。そのために彼らは、実際に殺人に携わる立場の人や殺される人のことを考えるきっかけを持たない。

安保にかかわる政策決定をする人は、兵器生産関連の既得権を維持しようとする人たちに取り囲まれているわけであるから、意識しなくても、政策決定者の視点は既得権益者の意向によって規定されがちとなる。

同じことは原発についてもいえる。つまり、原発の政策決定に携わる人たちは、原発推進に既得権を持つ財界との深いつながりを持つ人が多い。電力会社の役員から政治献金を受け取り、パーティ券を電力会社に買ってもらっている政治家がその典型的な例だ。

加えて、巨額の広告費を電力会社から受け取っている組織で働く世論の指導者についても同様であり、特に原子力関連の学会においては、原発に反対する研究者は通常の社会的上昇を期待できないという形で規制されてきた。そのほか、中・下層の組織人にとっても、異説を唱えるということは自分の将来にとって非常に危険なことであり、むしろ目をつぶって支配的な論調に順応するほうが有利であるとして沈黙を守るのが通例であった。

7 「永遠の課題としての他者感覚」「永久革命としての民主主義」

このような状況をめぐる重層的な聖域の壁に疑問を投げかける最もよい方法は、実際に犠牲になっている人たちの声をきくことである。できれば直接つながりを持ち、直接手をつないで、その人たちの声にならない声にも反応することだ。これを端的にいえば、安保については沖縄の人たちの声をきくということである。コラム16にも引用したが、安保条約の支持率を本土と沖縄と比べてみると、沖縄では本土の10分の1以下の支持しかないという驚くべき結果になって表れている。それはもちろん、現在の安保の危うさに由来することはいうまでもないが、その安保の危うさを意識する背後には、戦争中に捨て石として戦闘の真っただ中に置かれた沖縄という二重苦が、つまり戦中における本土の捨て石と戦後における安保の要石という二重苦が沖縄にあるからである。

原発についていえば、福島で、特に小さな子どもを持っている母親がどう考えているかということが決定的な問題である。ここで、私の前著『誰もが人間らしく生きられる世界をめざして』で扱った命題を参照しておきたいと思う。

前著で私が強調したかった一つの命題は、「永遠の課題としての他者感覚」と、

「永久革命としての民主主義」とが表裏の関係にあるということである。「永遠の課題としての他者感覚」をわかりやすく説明すると、権力から最も遠く、最も声の出しにくい人の声を内在的に理解する、ということだ。その人の身になって理解するということは極めて難しいことであり、だからこそたえずそれを確かめ続けていかなければならない。そういう意味で永遠の課題だということである。

「永久革命としての民主主義」は、これは丸山眞男の表現を借りたわけであるが、制度としての民主主義(今でいえば代議制民主主義)は、それ自体では動かないものであり、それを民主主義として動かしていく理念と運動については、「永久革命としての民主主義」が必要だということである。言い換えれば、制度としての民主主義においては、放っておくと権力者は、権力から遠い人の身になって考えることを忘れがちである。それだからこそ、永遠の課題としての他者感覚を持って、たえず権力からより遠い人からの問いかけを権力者に対して迫っていく運動をしなければならない、ということである。そして、そのことによって民主主義という理念を問い直していく。そういう過程がないと、民主主義は死んだものになってしまう、ということを丸山眞男は言っているわけである。

具体例で考えてみよう。たとえば沖縄には、基地の地主で地代で生活している人がおり、基地で働いている人もおり、基地建設を生業としている人もいるわけであるが、こうした人たちの声をきけばいいということではない。

つまり、沖縄には、米軍による事故や犯罪で苦しめられている人がいるということ。そして、イラクやアフガニスタンなど沖縄のさらにその先に、沖縄の基地で訓練された兵士によって殺された普通の市民がいるということ。そこまで「永遠の課題としての他者感覚」を研ぎ澄まして、とことん問い直しを行っていかなければいけない。

一方で福島には原発で働いている人もいるわけである。これはほかに雇用の機会がないから原発で働いているわけである。だから私たちは、その人を責めるのではなく、それによって犠牲になる人のことを考えなければいけないということだ。

「永遠の課題としての他者感覚」を研ぎ澄まして、放っておけば忘れられがちな権力から遠い人の身になって考えてみるという努力をたえずしないと、あるいは運動としてそういう人の要求をくみ上げていく努力をたえずしないと、民主主義の権力は腐敗して多くの犠牲者を出すことになる。これを本書の主題に即していうと、人の命を大切にするという基本的な価値からずれてしまうということだ。それが安保や原発の持つ問題である。

8 安保と原発は「核」と「命」の問題に行き着く

次に、安保と原発の聖域を問い詰めると、最後には「核」と「命」に行き着く、ということについて述べてみたいと思う。

つまり最も権力から遠く、最も犠牲を強いられる人たちと、最も強く犠牲者の心がわからない方向に行きがちな政策決定者との、この両極の対抗を考えていくと、まさに安保の問題と原発の問題が「命の問題」としてかかわってくる。安保の場合には、最終的には力のある政策決定者の側でいえば核抑止であり、犠牲を強いられる側でいえばアフガニスタンの民衆ということになるわけである。

また原発の場合でいうと、一方では核の経済利用によって利益を得る人たちと、他方では各地の被曝者、すなわちほとんど声が出せないアメリカの被曝者を含めて太平洋諸島の被曝者、広島・長崎の被爆者、それから原発の放射能の被曝者とが、「核」と「命」という両極に分かれていくわけである。

ただそうはいっても、権力状況での地位がすべてを決めるわけではなく、そこに運動としての民主主義が持っている意味があるわけだ。だからそこで運動として「永久革命としての民主主義」を行い、たえずその最底辺からの問い直しを迫っていかないと、放っておけば権力を持っている政策決定者は次第にそれから離れた政策を決定するようになる。

そこで次に、運動における脱安保と脱原発の課題について述べてみたい。

9　脱安保運動と脱原発運動の課題

このように聖域を問い詰めると、結局は「核」と「命」の問題となり、その点では安保と原発とは同じ問題を含んでいるのだと先に述べた。だからといって、反安保・反原発、あるいは脱安保・脱原発の運動が一つになるべきだといっているわけではない。むしろ、60年安保の時に、安保と三池闘争を「スローガンの抱き合わせ」として結びつけようとしたのは明らかな間違いであった。それぞれの運動はそれぞれの具体的な目標に向かって、しかも徐々に着実に問題解決をしていかなければならないと考える。

60年安保の後に、党派の人たちが考えたように「体制が一挙に変われば社会はすべて良くなるんだ」という考え方も非常に危険であるし、そこまで極端ではなくても、「大国の政権が交代すれば問題は解決するのではないか」というのもこれは虚しい期待であるということは、オバマ政権のやり方をみても明らかなところである。それはオバマ個人がどうであるかという問題ではなく、およそ一国の政権交代にそこまで期待するということが、元来無理なのである。

先ほどの表現を借りれば、「永久革命としての民主主義」がないかぎり、つまり不断の運動がないかぎり、権力は腐敗するということをもう一度強調しておきたい。

そこで安保と原発に共通している面と違う面と、その両方をはっきり区別してみていく必要があると思う。次に脱安保と脱原発をそれぞれ別に考えてみたい。

脱安保ということであるが、これはすでに繰り返し述べてきたように、国際的な安全保障に伴う不安を取り除かなければ、世論の支持を得て運動を拡大することはできない。したがって、日本が脱安保へと漸次的に変化していく際に問題となるのは、その進むべき方向である。つまり日本の側で、まず一方的な軍縮を始めることによって、脅威とされる国との間に信頼を作り上げていくということが、一つの試みとしてなされるべきである。逆にいえば、脅威をもたらす国に対抗するために抑止力を強めるということは、前述したように緊張を強めることにしかならない。

日本が軍縮の方向を自ら示すことによって信頼を作り出し、脅威とされる相手国へ軍縮の協力を求めていくというのが、脱安保への第一歩である。そしてこのような形で、「日本は軍事大国化しない」ということを態度で示すならば、いわゆるビンのフタとしての安保の必要性はなくなるはずだ。

「ビンのフタとしての安保の必要性」を認めていたのは、皮肉なことにアメリカがそうであったと同時に、中国もそうであった。つまり中国が米中の国交を回復する時に日米安保を認めたのは、安保が日本にとっての「ビンのフタ」となると考えたからだ。それはすなわち、安保が日本の軍事大国化を抑止するための安全装置になると考えたからにほかならない。

だから逆にいえば、日本が軍事大国にならないことを明らかにすれば、中国も日本への脅威を感じることはなくなり、軍縮への可能性は開けてくるであろう。そういう形で、とりわけ核をはじめとする軍縮の主導権を日本がとる。

このことは原発の問題とも深く関係している。すなわち、原発の推進によって、すでに日本が核武装できる可能性を持っているということそれ自身が一つの脅威になっている。したがって、日本が脱原発の方向を決めるということは、同時に核軍縮を含めた軍縮の主導権を日本がとる上で重要な意味を持つと思われる。

次に脱原発への変化であるが、地震の危険性の大きい原発から、あるいは古い原発から逐次廃炉にしていくことが重要である。そしてそれは、代替エネルギーの開発と引き換えになされることが望ましい条件となる。そうすることで、日本社会における核の脅威からの全面的な解放が可能となる。おそらくこれが、具体的な変化の過程だと思われる。

先にも述べたが、このような過程を選択することは、国際的に日本の核大国化への危惧を弱めることに貢献すると同時に、国内的には原発の危うさを正しく認識した上でその是非をめぐる理性的な討議の促進を可能とする。

重ねて地震の問題についていうならば、地震の危険性がある原発を先に廃炉にしていくべきことは、すでに浜岡原発の停止決定の例からも明らかであるが、そのほかにも地震の危険性がある原発は数多く存在する。地震や津波の時期や強度に関する予知が困難な現状を考えれば、そもそも地震大国日本で原発を持つこと自身の可否が根本から問われなければならない。

10 「思いやり予算」と「防衛関連予算」から被災地復興の財源を

安保と原発は類似した要素を持ち、お互いに関連しているということは繰り返し述べてきた。しかし、別々にその変化を求め、進めなければならないということもすでに述べたとおりである。

ただ、現在の日本社会において当面の問題として重要なのは、東日本大震災における被災地の復興をどのように実現していくかということである。これは極めて現実的でなければいけないと同時に、さまざまな復興計画の優先順位に関しては、前述した基本的な価値前提というものが考慮されなければならない。

特に限られた予算と与えられた時間の中で対策を選ばなければならないので、まずはその優先順位を明らかにする必要がある。そのためにはただ間にあわせの修復をしたり、ただ昔に戻ればいいという復旧ではなく、長期的な展望を明らかにした上で、当面の選択をしていくことが必要である。

そうした場合、脱安保への動きは、復興の財源の問題を考える場合に極めて重要な位置を占めることとなる。すなわち、もし安保をこのまま放置すれば、アメリカの財政事情からして日本の財政負担が大きくなるという危惧はほとんど疑いないところである。したがって、アメリカのそうした要求に対して、日本側がどう対処するのかが非常に重要な問題になる。

すでに「米軍への思いやり予算を被災地へ」という署名運動が起こっているが、これは当然のことである。日本政府はなぜ、思いやり予算を被災地に送らないのか。あるいは、辺野古の新しい米軍基地建設よりも、被災地の復興へその努力と資金をつぎ込むべきではないか、という主張もしごく当然なことだ。

　一方で、自衛隊が災害救助に大きな役割を果したということは広く認められるところであるが、それならば自衛隊を災害救助隊としてその一部を改編し、災害救助に必要な訓練と装備をさせるということも当面必要な措置だと思われる。そしてその比率を次第に大きくしていけば、それは脱安保への具体的な一つの方向にもなると考えられる。

　たとえば福島第一原発の事故対応に、自衛隊は戦車を送り込んだがそれはまったく役に立たなかった。これは誠に愚かな現実である。防衛省は毎年、戦車の製造を三菱重工一社に発注して、異常に高い価格を払っているのは石破茂も認めているところである。そうした戦車を発注するかわりに大型重機をたくさんそろえるとか、あるいは自衛隊の一部を武器を持たない復興に直接役立つ特殊部隊に編成して、瓦礫の処理や除染にあたらせるということは当然考えられるべきことであろう。

　アメリカの防衛戦略に貢献するために、日本がイージスシステムへ協力するための資金を支払う必要はあるのか。あるいは、ステルス戦闘機のような攻撃専用の兵器を購入するために、日本は多額の金を支払う必要があるのか。それは大きな財政負担であるだけでなく、隣国に脅威感を引き起こし、兵器の競争と緊張激化を生む恐れがある。さらに今までの防衛費の使い方をみても、たとえば日本は、これまで地雷やクラスター爆弾が必要だといってそれを作ってきたわけだが、今度は地雷禁止条約やクライスター爆弾禁止条約によってこれを撤去したり処理する必要が生じ、それにまた無駄な金を使うという悪循環に陥っている。

こうしたことのないよう、私たちは国家の安全保障という聖域に切り込み、その資料を公開させて何が本当に必要なのかを明らかにすることが重要だ。今に至るまで、5兆円に近い防衛費がいつまでも聖域になっていて、議論の俎上にも上らないというのは不自然な話である。防衛費の削減は、日本が軍縮の方向を示し、世界の軍縮に向けて主導権をとるためにも積極的意味を持つ。自衛隊をただちに廃止することは無理にしても、先ほど述べたように自衛隊の役割を明確にして、復興にあたらせる部隊へ再編するということは当然今日の事態の中で考えなければならない。

11　すべての人の命が尊重される世界をめざそう

コラム6にも書いたとおり、私は小学6年生で2・26事件を体験した。そしてそれ以来、病弱であった私は、「欧米の帝国主義からアジアを解放する戦争ならば」ということで、戦争支持の軍国青年になった。その後私は、自らの軍隊体験を通じて軍隊というものはいかに国民を守らないか、あるいは非人間的な殺人を強いるものであるかをつぶさに体験した。その結果私は、日本が二度と軍隊を作らない、軍国主義国家にならないために、そして一体自分自身がどのようにして軍国青年になったのかということを反省するために研究者となったわけである。

そして、軍隊体験者が死滅しようとしている今日、私がどうしても今の人に言っておきたいのは、日本における現在の状況が、1945年当時に危機に直面していたのと非常に似た危うい位置にあるということである。それはどういうことかというと、明治期の日本が、欧米に追いつけ追い越せという富国強兵を推し進める形で、効率第一主義の運営を行っていた。その結果が45年8月15日の破局にまで至ったわけである。

本来ならその反省の上に立つはずの日本が、そうはならなかったのが現実である。すなわち、戦後は確かに富国強兵の強兵はなかったが、富国専門の「追いつけ追い越せ」という形で効率第一主義の努力を続けていた結果、強兵にまで近づいていき、非常に危ないところに来ていると私には思える。

それを思想の面でみると、加藤弘之は明治の初年に「天賦人権説」を支持していたが、後にそれは妄想であったと自己批判し、E・ヘッケルの理論を借りて強者の権利を主張する社会進化論的な立場に転向していった。そしてその方向は1945年まで続いた。日本はそれへの反省の上に立ち、日本国憲法における平和主義・民主主義あるいは国民主権、人権尊重という原理を打ち立てたわけである。その後、「戦後民主主義の虚妄」ということがいわれるようになり、「戦後民主主義時代の中でいわれた平和主義などというのは理想主義であり、現実主義からすれば力の支配は当然である」という傾向が次第に生まれてきた。そして、それはとりわけ1990年代以降の世界的な新自由主義のもとでは、強者の権利を主張する社会進化論的な考え方として支配的になった。「敗者あるいは弱者という地位に追い込まれた人が発言する権利はない」、すなわち、「敗者になったのは自己責任の結果であり、そのことについて発言する権利はないのだ」という状況までが生まれてきたことが今日の危機であると私には思われる。

もちろん、今日の危機に対して抵抗する運動も起こってきている、それは特に、ボランティア活動等で十分にみられるところであるが、しかし3・11で今日の危機が一部露わにされたからといって、長い支配を支えてきた聖域がすぐに崩れることを期待することはできない。

なぜならば、「既成事実を積み重ねる」という路線を守り通すことと、聖域にかかわってきた経済的強者の既得権が結びついているからである。この既得権者というのは、政治的支配とも深くかかわっているため、一朝一夕にその政策転換を期待することはできない。それならば、普通の市民にできることは何なのだろうか。それは、先ほどの永久革命論と同様に、忍耐強くその聖域を問い続けていくということである。そして、その現実的危うさに気づく人の数を増やしていくことによって、政策の変更を求める圧力を強めていくということである。

逆にいえば、一挙に変えられないと絶望して沈黙を守れば、政治的既成事実の蓄積はその惰性を続けていくということになる。比喩的な表現が許されるとするならば、人と人との確かなつながりの力によって、聖域の壁を支えている石を一つずつ取り除いていく。そして、それを新しい世界へと続く道を築くための敷石として敷きつめていくという努力を重ねることである。

このような不断の努力によって、不信と差別と排除を生み出す強者の支配から、信頼と協力と包摂に支えられた共生の世界へ向けた変化を実現することができるはずだ。すなわちその変化は、安保や原発をどうするかというような命を脅かす危うさへの道から、すべての人の命が尊重されるもう一つの世界へ通じる道への変化である。それがどのように遠くても、確実な歩みをもってそれに向かうことで、変化は必ずや実現できると私は信じている。

補章

2011年9月11日に思う

——世界的危機と克服への希望

13・11の歴史的意味
――「内への植民地化」としての戦後

最後に、2011年の9月11日を迎えた時に私が感じたことを述べて本書の結びとしたい。すなわち2011年9月11日は、奇しくも3月11日の原発事故から半年であり、そしてまた、アメリカにおける同時多発テロが起こった2001年9月11日からちょうど10年目にあたるという日であった。こうした偶然の一致をきっかけとして、日本の現状を歴史的および世界的な文脈で考え直してみたい。

まず、2011年3月11日(以下、3・11)の歴史的な位置づけから考えてみよう。開沼博は、『「フクシマ」論――原子力ムラはなぜ生まれたのか』(青土社、2011年)の中で、日本は1945年を境にして、その前の半世紀は1895年の日清戦争に始まる「外へのコロナイゼーション」❖であり、それ以後の半世紀は「内へ

❖**コロナイゼーション** 以下すべて「植民地化」と記す。

のコロナイゼーション」の時代だと論じている。私もこの考え方に示唆を受けて、3・11の歴史的な位置づけを考えてみたいと思う。

私が3・11で思い起こさせられたのは、45年までの歴史の過ちを、戦後も繰り返してきたのではないかということである。つまり日本は、45年の敗戦によって、それまでの国外への植民地拡大を基礎とした富国強兵政策をやめざるをえない状況になったが、しかし戦後はそれと同じ構造が、国内における周辺地域を植民地にする形で続けられたのではないか。そして、その国内植民地というべき地域の犠牲の上に、日本は高度成長を達成してきたのではないかと私は考える。

日本は、「西欧帝国主義に追いつけ追い越せ」という思想を軸に富国強兵をめざしてきたが、その帰結として45年に敗戦を迎えた。そして戦後は、そうした軍国支配を反省して、「平和国家をめざした国づくり」「文化国家をめざした国づくり」という言い方が一時期流行した。しかし日本は、基本的には戦後も「西欧に追いつけ追い越せ」という姿勢を崩さずに経済成長に専念した。そして、その帰結が3・11の原発事故につながった。

他方では、安保条約に代表されるような「力に頼る」という社会進化論的な考え方が強まってくると、経済成長と軍事化とが、考え方の点でも現実的な問題としても、次第にその境目がぼんやりしてくるという結果になっている。それが、現在の日本が抱えている大きな問題であるといえよう。

2 周辺地域を犠牲にして実現された日本の経済成長

では次に、今述べた戦前と戦後の構造の連続性について、具体例をあげながら考えてみたい。

戦前、植民地・朝鮮で「労働者を牛馬と思って使え」という方針をとっていたといわれる朝鮮チッソの社員が、戦後日本に引き揚げてきて水俣のチッソ❖で働くようになり、中には工場長になった人もいた。そうした背景もあり、水俣のチッソにおいては、地域を公害によって犠牲にしても、それを意に介さない企業体質が生み出されたのだと思われる。

ただ、さすがに戦後の日本では、労働者は正規社員であるかぎりは組合を作ることができたので、戦前の朝鮮チッソのように牛馬として扱うことはできなかった。しかし、「チッソという企業が地域の繁栄を支えているのだ」という神話を基礎にして、チッソは下請け労働者を酷使した。たとえば、工場の生産設備を修理する時にも、生産を止めずに行うので、多くの事故と負傷者を生み出したのは

❖**チッソ**
1906(明治36)年創業の化学工業会社。メチル水銀を含む廃液を無処理で水俣湾に排出し続けることにより、水俣病を引き起こした。

その一例だ。

そして何よりもチッソは、「汚染された海で漁民が水俣病になっても、それは企業の繁栄のためだからしかたがない」と、水銀汚染の事実に対して意に介することはなかった。

同じ考え方は、原発の場合にもみられる。すなわち、「日本経済の発展のためには、エネルギーを生み出すことが必要であり、そのためには原発が必要である。だから、差別された人々が犠牲を払うこともやむをえない」という考え方だ。この場合、差別された人々とは、原発建設と運転・修理のために労働力を提供し、そのために被曝を受けた下請けの労働者たちのことである。

いろいろな調査によれば、原発の建設および修理で被曝を受けた労働者は、正社員の場合は全体の5%しか被曝していない（堀江、2011年、341頁によれば2008年度で3%）のに対し、下請け労働者は実に95%以上の被曝を強いられているという。

こうした下請け労働者の人たちは自分たちのことを、差別用語を使って自嘲的に「原発ジプシー」と称しており、その意味で、原発で働く下請け労働者の実態をルポした堀江邦夫『原発ジプシー』（現代書館）という書籍は、現在でも差別用語を使った題で再刊されている。実際に今でも、3・11以後福島から避難した人の中には、避難先の新潟の原発で働いている人たちもいるという。

そしてもう一種の差別された人たちは、原発に土地を提供した地域の人たち、具体的にいえば、福島の人たちである。

このような地域に対する差別は、実は、長い歴史的な背景を持っているといえる。「白川以北一山百文」といわれ、薩長藩閥政権によって差別されてきた東北は、昭和恐慌の際にも、「娘売ります」という張り紙が出るほど、厳しい経済状態に追い込まれた。

同じような経済的差別は、戦後の経済成長の過程でも繰り返された。そして、ほかならぬそのような経済的差別構造が、原発立地に対して特別に有利な措置を提供するような補助金にひかれて原発を受け入れるような条件を作り出したわけだ。

3 沖縄の犠牲の上に成り立つ日本の安保体制

実は、開沼博の分析によれば、「原子力ムラ」には二つの種類があるという。一つは、国策としての原子力推進を担う中核となる人たちのムラであり、もう一つは、原子力を受け入れる地域社会としての原子力ムラである。そして開沼は、後者の原子力ムラに視点を置いて調査をしているが、この原子力ムラの分析の結果、発見されたのは、その地域の論争が、「原発推進か反対か」から、「愛郷か非愛郷か」（郷里を愛するか、郷里を愛さないか）というものに議論の座標軸を変えることによって、ムラの指導者が原発受け入れに転向したという事例である。

そして原発を受け入れ、一度補助金という「アメ」を受け取ることによって多くの箱モノが作られると、やがてその維持管理に費用が必要となる。しかし他方では、時を経るに従って固定資産税という税収が減少してくるという状況が生まれてくる。そうした時に、アメは麻薬へと変わり、次の原発を誘致しなければならないという依存症の結果を招く。

実は、同じようなことが安保についても起こっているわけで、「安保のおかげで日本経済は成長した」という論調は、安保の犠牲を強いられた基地の町については、その犠牲は日本にとっては必要なものであるとして、経済的に補助金を出すことでその犠牲は無視すればよい、という考えが背景にある。

ただ、沖縄の場合には、基地の受け入れが軍事占領の結果で、いかなる意味においても自分で選んだものでないという点で、より深刻な問題を含んでいる。

これをさらに歴史的な起源にまでさかのぼっていえば、琉球処分❖以後、沖縄の

❖**琉球処分**
1872（明治5）年の琉球藩設置から、79（明治12）年の沖縄県設置に至る、琉球王国を日本に組み込むための一連の過程。

人たちは差別を受け続け、一方で「ソテツ地獄❖」というような厳しい経済状況を強いられる中で、多くの人たちは国外へ移民しなければならないような環境下に置かれた。その人数は、2008年には子孫の人たちを含め世界で約36万人になるという（栄野川、2011年、176頁）。そして、第二次世界大戦の末期には、本土作戦を遅らせるための捨て石として戦場化されたという被差別体験を持っている。

しかも敗戦後は、本土とは切り離されて米軍の直接統治下に置かれ、「銃剣とブルドーザー」による基地化が行われた。さらに50年代後半には、本土での反基地闘争の結果、そのあおりを受けて海兵隊の沖縄への移駐が決められたほか、本土にある多くの基地も沖縄へ移されるという事態を招いた。

そして52年の講和条約によっても、沖縄は日本の統治から切り離され、安保条約による扱いさえも受けないという状況が作られた。そして72年の本土復帰以後、今日に至るまで、依然として全国の基地の4分の3は沖縄にあるという状況が続いている。

このようにみてくると、戦前から続いている発展の型が戦後になっても続いており、日本の経済成長は福島や沖縄という差別された地域の犠牲の上に成り立っているということがわかる。

❖ソテツ地獄
1920（大正9）年の戦後恐慌から、29年の世界恐慌にかけての不況と、それによる困窮の沖縄におけるよび方。毒性のあるソテツの実を食べてしのがなければならないところまで追いつめられた、ということに由来する。

4　戦前から続く発展の構造を問い直す

この発展の型をもう少し詳しくみてみよう。すなわちこの発展の型は、高度に集権化された中央政府が、国益あるいは国策の名のもとで上からの厳しい管理と指導を行い、一方で「西欧に追いつき追い越せ」という外発的な動機をあおることで、大規模な重厚長大産業を中心とした経済成長をめざすものだといえる。そしてその経済発展のためには、差別された地域や階層の犠牲を関心の外においてきた。

しかしこのようなやり方は、「外」においてはすでに日本と同様の努力をしてきた中国によって見事に追い越されてしまっており、一方の「内」においても、まさに福島の事故によってそのひずみを露わにしてしまった。そして沖縄においても、多くの事故や犯罪という基地に伴う犠牲が、誰の目にもあからさまになっているのが現状だ。

そうだとすれば、その原因となっている原発や基地の廃止とともに、戦前から続いている発展の構造を根本から問い直す時に来ているといえよう。

3・11は非常に悲劇的な出来事であったが、私たちはそれをせめてもの教訓とし、新しい将来への方向づけに生かしていかなければならない。

そしてこの将来の方向としては、脱原発、脱安保という方向に向けて、地域の自主性を生かした根本からの構造の作り直しということが必要になる。具体的にいえば、小規模で分散的な地産地消の長所を取り入れたような地域の内発的発展の、水平的な連帯によって構成されるべきものであると思われる。

そして、この方向への転換自身が、実は地域主権の強化、とりわけこれまで発展のために差別され犠牲にされてきた地域や階層の人たちの発言権を強め、その人たちの権利を保障する運動によってしか実現できない。

5　3・11と9・11を世界史的文脈で考える

以上が、3・11から半年という時点でこの事件の歴史的意味を考えた結果であるが、今度は2001年9月11日を世界的文脈の中でもう一度とらえ直し、我々が直面している問題を考えてみたい。

10年前の9・11は、アメリカの対テロ戦争の起点となったわけであるが、その後の10年間に世界はどのように変わったのであろうか。すなわち、世界におけるアメリカの単独覇権の時代が終わったというのが、最初に目につく現象である。ではその背後には、どのような変化があったのであろうか。

まず思い起こされるのは、安保の基礎にもなった冷戦構造が終わりに至る歴史的な過程である。ソ連がアフガニスタンに侵攻してからちょうど10年を経た1989年に、ベルリンの壁が崩れ、続いてチェコスロバキアのベルベット革命❖など旧東欧諸国での変化がみられた。実はこの89年の3年前、すなわち86年にチェルノブイリで原発事故が起こったということも、実はこのソ連という社会の体制の矛盾を現していたと考えることもできる。

それと同様に、アメリカがアフガニスタンへの侵攻を始めてから10年にあたる2011年に、チュニジアのジャスミン革命に始まり、エジプトのムバラク政権崩壊という過程が続いて、現在でも「中東の春❖」が続行中である。

ここで明らかなことは、アメリカの影響力が落ちたということである。つまり、アメリカがイスラエルに次いで多額の援助を与えていたムバラク政権が、イスラエルとほかの中東諸国との緩衝地帯を作り、それがアメリカのイスラエルとアラブ諸国との間の和解を媒介する支えとなっていた。しかしこの関係が、ムバラク政権の崩壊によって不可能になったわけである。

もう一つ注目すべき点は、カイロのタハリール広場で起こったデモに示された

❖**ベルベット革命**
1989年11月17日にチェコスロバキアで起きた民主化革命。非暴力で共産党政権を崩壊させた。

❖**中東の春**
2010年から中東各国において進行しつつある民主化運動の総称。

重要な変化である。タハリール広場というのは、本来旧イギリス軍の兵舎の跡であり、それがアラビア語で「解放」という意味を持つ名称でよばれていることも象徴的であるが、その広場で多くの若者たちが示した非暴力でしかも毅然とした態度というのが、おそらく中東の将来を考える上で無視できない要素となるであろうと思われる。

6 「中東の春」の影響——同盟国として負担増を期待される日本

さて、「不安定な弧」の西の端で起こっているこの変化が、世界のほかの地域にどのような影響を及ぼすのだろうかということを次に考えてみたい。

特に我々にとって重要なことは、極東の変化である。イラク戦争に失敗して以後アメリカは、「不安定な弧」の西の端の中東から、次第に重点を極東に移してきていることは明らかである。しかも、国内経済の面で困難を抱えるアメリカとしては、いずれにしても、戦費を切り詰めなければならないという課題に直面している。そうなると、「信頼のできる同盟国」としての日本にできるだけその負担を肩代わりしてもらいたいと考えるのは自然である。そこで問題なのは、日本がそれに対してどのように応じようとしているかという点である。

思いやり予算など、世界で最も安上がりな基地をアメリカに提供している日本が、これからもそれを続けるのか。あるいは、「普天間からの基地の移転」という名目で、実は基地機能を強化した新しい基地を作り、自衛隊との作戦協力を強めることによって、アメリカの軍事費を削減するだけでなく、人的にも自衛隊にアメリカの肩代わりを求めるということが、日本において非常に恐れられている事態である。

もし日本がこうしたアメリカの要求に応じるならば、沖縄をはじめとする基地の負担が、単に経済的な費用の点だけではなく、事故や犯罪等の点でもその基地に伴う犠牲が大きくなることは明らかである。そうであるとすれば、その犠牲を最も多く受ける基地周辺地域の人たちの声を生かして、基地をなくす方向で努力する必要があるというのは当然のことである。

基地の存在に伴う犠牲、あるいは、原発に伴う犠牲というのは、いずれも国益を維持するために必要なものとして当然視されてきた。しかし、はたしてその国益とは具体的に何であるのか。また、国益を必要だと主張する人が、自分でその犠牲を払う覚悟があるのか。そういう根本的な問題こそが、問われなければならないと思っている。

安保に伴う基地の必要性を主張する人は、「国家の安全保障」のため、または「国家の安全保障のために武力が必要」であるからだと主張する。しかしその人たちは、この抑止力を維持することに伴う犠牲を自分で払う覚悟があるのか。彼らは、基地の周りに住んでいるわけではない。あるいはその抑止力を使う場合も、彼らは戦闘を命令する立場であって、命令されて人を殺さなければならない一兵卒の立場にあるわけではない。ましてや殺される立場の人間ではありえない。

しかも、武力による抑止というのは、紛争の可能性を大きくする恐れがあるという点にも注目しなければならない。特に憲法9条の精神からすれば、武力による抑止ではなく、外交によって紛争解決をすることが望ましいのはいうまでもない。

こうした私の主張が、あまりにも理想主義的であるというのであれば、少なくとも、抑止のための基地を減らし、あるいは抑止に使う武器を減らし、そのことによって相手方との信頼醸成の可能性を開く努力をすべきであろう。なぜなら、国益として武力による抑止を主張する主体は、通常それに伴う犠牲を経験したことがない人であるからだ。もし、想像力を強めてその犠牲者の立場、すなわち、実際に基地の周辺にいる人たち、あるいは抑止力の行使を命じられて人を殺さなければならない立場にある人たち、さらにはその軍人に殺される市民の立場に立って考えるならば、とにかく何らかの方法でその犠牲を減らすために、基地や武力を減らすという努力をすべきだと感ずることができるはずだ。

7 「原子力安全神話」という虚構

同じように、原発を国益だと主張する人の場合にも同様のことがいえる。通常その主張をする人たちは、「日本経済の発展のために電力が必要だから原発が不可欠だ」という。それなら、その主張する人たちが、放射能を受けてガンの可能性が大きくなっても、それをあえて耐えるというのであろうか。

「日本は世界一の技術力を持っているから、日本の原発は安全なのだ」と言っている原子力安全神話が、3・11で崩れたことはいうまでもない。しかし、その事故の後においてもなお、「原発を安全なものにして使えばいいのだ」という議論が続いている。「日本の技術力は世界一だ」といって誇っているが、実際に福島第一原発1号機の建設をみると、結局これは「フルターンキー方式」にすぎない。

この「フルターンキー方式」とは、アメリカの設計、アメリカの技術を用いて原発建設の全行程を進め、日本は最後にそのキーをもらってそれを回せば動くというものだ。実際に福島第一原発1号機は、GE（ゼネラル・エレクトリック）の設計に従い、高い台地の土を10メートル以上も取り除き、海水面に近づけたところに原発を作るという行程を経てできたものだ。その後、日本の技術が加えられるところも少しは増えてきたが、少なくとも今回の事故の処理をみていると、日本の技術が優れていて、原発が安全化できると信ずることは決してできない。

とりわけ重要なのは、事故後の処理のしかたについて、日本の国内メディアが伝えていたところと、世界のメディアが伝えていたところとの落差があまりにも大きいということである。

たとえば、大沼安史『世界が見た福島原発災害――海外メディアが報じる真実』（緑風出版、2011年）によると、原発処理の過程で示された日本の技術は、決して満足のいくものではなく、とりわけその情報が日本のメディアで十分で伝えられていなかったということが明らかにされている。

このようにみると、「日本の技術は優秀だから原発を安全に管理できる」という新しい安全神話が、信頼に値しないということはいうまでもない。少なくとも今までのところ、原発の放射性廃棄物の世代を超えて続く危険性、すなわちそれが遺伝子に対し障害を与え、その障害がガンの発生率を高めるという危険性を防ぐ方法は発見されていない。そしてその廃棄物は一時的には六ヶ所村に保管されているが、最終保管場についてはまだまったく見通しがついていないというのが現状だ。こうした状況を鑑みるならば、「原発が安全だ」とは、私はとうてい言うことができない。

8 原発は「核兵器製造のポテンシャル」

そして別の面では、自由民主党の石破茂なども言っているとおり、原発を持つことは、「必要ならいつでも核兵器を持てる」ということを示すためのものでもある。

実はすでに、1969年に外務省外交政策企画委員会が作った「わが国の外交政策大綱」という非公開の文章の中で、「核兵器については、NPTに参加すると否とにかかわらず、当面核兵器は保有しない政策をとるが、核兵器の製造の経済的・技術的ポテンシャルは常に保持する」と述べられている。これはある意味では、一貫した日本の外交政策であったということができよう。そして現在でも、経済的にみれば採算のとれない使用済み核燃料の再処理に日本がこだわっているのは、核兵器への転用との関連ではないかという疑いが持たれている。

ところが、「核兵器製造のポテンシャル」のために必要な原発というものが、はたして彼らの考えるような積極的な意味を持つのかといえば、実はその反対の意味しか持たないということが、「原発は自国にのみ向けられた核兵器である」という河合弘之の表現に示されている（河合・大下、2011年、182頁）。つまり、日本を攻撃しようとする国、あるいは集団は、核兵器を持っていなくても、あるいは核兵器を運ぶ手段を持たなくても、原発を狙って海か陸から攻撃をすれば、それは日本に対する核攻撃となるからである。イスラエル政府が3・11以後原発建設を止める決定をしたのはテロによる攻撃を心配したからだといわれている。そうした意味でも、原発と核兵器というのはマイナスの意味で関連しているということを私たちは忘れてはいけない。

意図的な攻撃によらない事故の場合でも、原発関連施設の危険性は明らかである。原発核廃棄物が集積されている六ヶ所村の近くには三沢基地がある。この基地を使って六ヶ所村の近くの天ヶ森射爆場では激しい訓練が行われており、事故も起こっている。高木仁三郎もこの点に注目して六ヶ所村の施設に墜落事故が起こった場合の危険性について警告している（高木、1991年、23頁）。六ヶ所村の上空では年に4万回ジェット機が飛んでいるともいう（鎌田、1996年、227頁）。

つまり北の周辺としての下北半島に安保と原発の危うさが重ねられることによって極めて危険な状態が生み出されているということになる。

結局のところ、少なくとも現在までは原発の放射能を無害化する方法がないのに加え、世界の地震の約1割が起きる日本に、世界の原発の1割以上が立地していることほど危険なことはない。子孫に対する放射線障害を考えるならば、原発をやめる以外に安全を守る方法はない。さらに、原発と核兵器をともに地上からなくす必要があるというのは自明なことではないだろうか。

このような結論に、賛成せず、国益のために原発が必要だという人は、その犠牲者は自分や自分の子どもではなく、原発立地を強いられた地域の人たちだと考えているからに違いない。

9 今こそ私たちの想像力が試されている

2011年9月11日にあたって、あらためて考えさせられるのは、日常気づかないうちに行動している間にも、実は常に私たち一人ひとりの想像力が試されているということだ。

政治家は当面次の選挙のことを考え、官僚も自分の在任期間中のことを考えて安全な道を選ぼうとすれば、既成事実に異を唱えて困難な改革をするよりは、既得権益を持っている人たちの意向を尊重し惰性に従って無難にことを処理しがちになる。

しかし、時間的には長い歴史的文脈で考え、空間的には世界的視野の中で現実をとらえるならば、現在が大きな行き詰まりに当面していて、それを克服するためには根本的な変化が求められているということがわかる。すなわち今日の危機は投機的金融が生産を支配するという異常な関係がグローバル化したことに伴う構造的な、そして世界的なものにほかならない。

それを要約するならば、弱いものの犠牲の上に、強いものが思うままに支配するという体制が、どうにもならない矛盾に突き当たっているといってもいいだろう。1%の経済的強者が残りの99%を支配しているという表現は、この構造を象徴的に示したものである。

だから、それを変える方法は、すべての人、とりわけ今まで犠牲にされてきた弱い立場の人たちの命と暮らしを大切にする、新しい社会の仕組みを作り出すことにあるといえよう。

この方向をめざすためには、空間的にも時間的にも想像力を強めて、犠牲になっている人たち、あるいは将来犠牲になるであろう次の世代の子どもたちのことに想像力を働かせることが求められている。

すなわち、当面の放射能汚染について「ただちに健康に影響することはない」と安心するのではなく、次の世代への影響にまで想像力を及ぼすことが必要だ。あるいは安保の場合でいえば、日本から距離的には遠いアフガニスタンの地で市民が殺されているということ、あるいは将来、日本にある武器がどういう形で使われるかということにまで想像力を及ぼすということが必要である。

10　次世代への責任として——新しい運動はすでに始まっている

このような形で、時間的にも空間的にも想像力を広げた上で、将来に向けてより人間らしい世界を作るために日常の行動を積み重ねていくことが、困難であるけれども次の世代に対しての避けがたい責任であると私は思っている。

この責任の重さを考えると、身の引き締まる思いがするが、しかし他方では、それを負担と感じさせない希望もある。すなわち、鋭い想像力を持ってこの責任を果たそうとする志を持った人たちが、すでに手を結び始めているからである。

そのような志を同じくする人たちは、私の身の回りだけでなく、アジアにもアラブにもアフリカにもヨーロッパにも、南北アメリカにも数多く存在する。そしてそれぞれの地域の活動家たちは、すでに地域的な成果を生み始めており、加えてその間の人と人との結びつきも生まれ始めている。

現在の危機が深刻であることは明らかであるが、その深刻さを自覚し、それと取り組もうとする草の根からの動きも育っているということを、私たちは認めなければならない。

一つだけ歴史的な事例を思い起こしてみたい。1957年から砂川で基地拡張に反対する闘争が激しく行われた。いくら警官になぐられても黙って座り込む非暴力直接行動を、米軍基地の中からみていた一人の米兵デニス・バンクスは、この運動に強く動かされて帰国後に先住民解放運動で活動することとなる。そしてその運動を続けた約半世紀後のイラク反戦運動の中で、かつて砂川闘争で座り込んでいた吉川勇一と出会うということになる。50年代後半には、コミュニケーションの媒体は活字と音声だけであった。その時代に基地のフェンス越しに目にした非暴力直接行動の光景が、半世紀以上に及ぶ反差別と平和の運動を継続させる推進力になったとバンクスは告白する（吉川、2011年、88頁）。

その後、テレビやインターネットなど媒体は進歩した。情報を得ようとすれば私たちは、即時にカイロ、ニューヨーク、ベルリンなど、世界中のあらゆる光景に接することができるようになった。そして必要なら、そうした地域の人たちとの対話も可能となった。大切なのは他者感覚という感受性、あるいは想像力であり、何よりも必要なのは行動する意思である。この意思さえあれば、直接対話はなくても連帯という結びつきは可能となる。そしてこのつながりこそが新しい希望の源泉となる。希望はどこかにあるものではなく、自分の意思と行動によりつながりを作ることで生み出されるものと私は信じている。

参考文献（著者名五十音順）

赤根谷達雄・落合浩太郎編『日本の安全保障』有斐閣、２００４年
明田川融『沖縄基地問題の歴史――非武の島、戦の島』みすず書房、２００８年
阿波根昌鴻『米軍と農民――沖縄県伊江島』岩波新書、１９７３年
阿波根昌鴻『命こそ宝――沖縄反戦の心』岩波新書、１９９２年
天木直人『さらば日米同盟！――平和国家日本を目指す最強の自主防衛政策』講談社、２０１０年
新崎盛暉『沖縄現代史』岩波新書、１９９６年
粟野仁雄『ルポ　原発難民』潮出版社、２０１１年
石田雄『現代組織論――その政治的考察』岩波書店、１９６１年
石田雄『平和の政治学』岩波新書、１９６８年
石田雄『平和と変革の論理』れんが書房、１９７３年
石橋克彦編『原発を終わらせる』岩波新書、２０１１年
石破茂『国防』新潮社、２００５年
井出武三郎『安保闘争』三一新書、１９６０年
伊東祐吏『戦後論――日本人に戦争をした「当事者意識」はあるのか』平凡社、２０１０年
臼井吉見編『１９６０年・日本政治の焦点（現代教養全集別巻）』筑摩書房、１９６０年

梅田正己『「非戦の国」が崩れゆく――有事法制・アフガン参戦・イラク派兵を検証する』高文研、2004年
梅林宏道『在日米軍』岩波新書、2002年
江刺昭子『樺美智子 聖少女伝説』文藝春秋、2010年
栄野川敦「沖縄の移民――近代うちなーんちゅの移動の小史」陳天璽・小林知子編『東アジアのディアスポラ』明石書店、2011年
江畑謙介『日本の防衛戦略――自衛隊の新たな任務と装備』ダイヤモンド社、2007年
ロバート・D・エルドリッヂ『沖縄問題の起源――戦後日米関係における沖縄1945―1952』名古屋大学出版会、2003年
大井浩一『六〇年安保――メディアにあらわれたイメージ闘争』勁草書房、2010年
大内要三『日米安保を読み解く――東アジアの平和のために考えるべきこと』窓社、2010年
大島堅一『原発のコスト――エネルギー転換への視点』岩波新書、2011年
太田昌克『盟約の闇――「核の傘」と日米同盟』日本評論社、2004年
大田昌秀『沖縄のこころ――沖縄戦と私』岩波新書、1972年
大田昌秀『沖縄 平和の礎』岩波新書、1996年
大田昌秀『新版 醜い日本人――日本の沖縄意識』岩波現代文庫、2000年
大田昌秀・佐藤優『徹底討論 沖縄の未来』芙蓉書房出版、2010年
大西隆ほか編『これで納得！集落再生――「限界集落」のゆくえ』ぎょうせい、2011年
大沼安史『世界が見た福島原発災害――海外メディアが報じる真実』緑風出版、2011年
岡部牧夫ほか『中国侵略の証言者たち――「認罪」の記録を読む』岩波新書、2010年
沖縄県編『沖縄 苦難の現代史――代理署名拒否訴訟準備書面より』岩波書店、1996年

小熊英二・上野陽子『〈癒し〉のナショナリズム――草の根保守運動の実証研究』慶應義塾大学出版会、2003年
開沼博『「フクシマ」論――原子力ムラはなぜ生まれたのか』青土社、2011年
加納実紀代「ヒロシマとフクシマのあいだ」『インパクション』180、2011年
鎌田慧『新版　日本の原発地帯』岩波同時代ライブラリー、1996年
鎌田慧『沖縄《ウチナー》――抵抗と希望の島』七つ森書館、2010年
鎌田慧・斉藤光政『ルポ　下北核半島――原発と基地と人々』岩波書店、2011年
ケント・E・カルダー『米軍再編の政治学――駐留米軍と海外基地のゆくえ』日本経済新聞出版社、2008年
河合弘之・大下英治『脱原発』青志社、2011年
川上幸一『原子力の政治経済学』平凡社、1974年
川口創・大塚英志『「自衛隊のイラク派兵差止訴訟」判決文を読む』角川書店、2009年
菅英輝『冷戦史の再検討――変容する秩序と冷戦の終焉』法政大学出版局、2010年
菅英輝ほか編『21世紀の安全保障と日米安保体制』ミネルヴァ書房、2005年
季刊『環』41巻「特集『日米安保を問う』」2010年春季号、藤原書店
北村博司『原発を止めた町　新装版――三重・芦浜原発三十七年の闘い』現代書館、2011年
熊谷伸一郎『なぜ加害を語るのか――中国帰還者連絡会の戦後史』岩波ブックレット、2005年
熊谷伸一郎編『私たちが戦後の責任を受けとめる30の視点』合同出版、2009年
アーロン・グランツ・反戦イラク帰還兵の会『冬の兵士――イラク・アフガン帰還米兵が語る戦場の真実』岩波書店、2009年
桑原正史・桑原三恵『巻原発・住民投票への軌跡』七つ森書館、2003年
憲法研究所・上田勝美編『平和憲法と新安保体制』法律文化社、1998年

纐纈厚『文民統制――自衛隊はどこへ行くのか』岩波書店、２００５年
国際基督教大学社会科学研究所・上智大学社会正義研究所編『平和・安全・共生――新たなグランドセオリーを求めて』有信堂高文社、２００５年
古関彰一『「平和国家」日本の再検討』岩波書店、２００２年
後藤乾一『「沖縄核密約」を背負って――若泉敬の生涯』岩波書店、２０１０年
小林孝輔・星野安三郎編『日本国憲法史考――戦後の憲法政治』法律文化社、１９６２年
小林トミ『「声なき声」をきけ――反戦市民運動の原点』同時代社、２００３年
斉藤光政『在日米軍最前線――軍事列島日本』新人物往来社、２００８年
『坂本義和集4　日本の生き方』岩波書店、２００４年
佐瀬昌盛『集団的自衛権――論争のために』ＰＨＰ新書、２００１年
佐道明広『戦後政治と自衛隊』吉川弘文館、２００６年
忍草母の会事務局『北富士入会の闘い――忍草母の会の42年』御茶の水書房、２００３年
自由法曹団『有事法制のすべて――戦争国家への道』新日本出版社、２００２年
上丸洋一『『諸君!』『正論』の研究――保守言論はどう変容してきたか』岩波書店、２０１１年
ジュヌヴィエーヴ・フジ・ジョンソン『核廃棄物と熟議民主主義――倫理的政策分析の可能性』新泉社、２０１１年
シーダ・スコッチポル『失われた民主主義――メンバーシップからマネージメントへ』慶應義塾大学出版会、２００７年
『世界』編集部編『日米安保Ｑ＆Ａ――「普天間問題」を考えるために』岩波ブックレット、２０１０年
関沢まゆみ編『戦争記憶論――忘却、変容そして継承』昭和堂、２０１０年
高木仁三郎『巨大事故の時代』弘文堂、１９８９年

高木仁三郎『下北半島六ケ所村核燃料サイクル施設批判』れんが書房、1991年
高木仁三郎『原子力神話からの解放――日本を滅ぼす九つの呪縛』カッパ・ブックス、2000年
高木仁三郎『原発事故はなぜくりかえすのか』岩波新書、2000年
『高木仁三郎著作集1-12』七つ森書館、2001~4年
『高畠通敏集1-5』岩波書店、2009年
田中優『原発に頼らない社会へ――こうすれば電力問題も温暖化も解決できる』武田ランダムハウスジャパン、2011年
玉野井芳郎『地域からの思索』沖縄タイムス社、1982年
知念ウシ『ウシがゆく――植民地主義を探検し、私をさがす旅』沖縄タイムス社、2010年
千葉眞編『平和運動と平和主義の現在』風行社、2008年
槌田劭『脱原発・共生への道』樹心社、2011年
都留重人『日米安保解消への道』岩波新書、1996年
東京外国語大学多言語・多文化教育センター『多言語・多文化協働実践研究』一-六、2008年
東京大学職員組合編『六・一五事件前後――銀杏並木から国会へ』東京大学職員組合、1960年
冨山一郎・森宣雄『現代沖縄の歴史経験――希望、あるいは未決性について』青弓社、2010年
豊田祐基子『「共犯」の同盟史――日米密約と自民党政権』岩波書店、2009年
中野敏男ほか『沖縄の占領と日本の復興――植民地主義はいかに継続したか』青弓社、2006年
中野好夫・新崎盛暉『沖縄戦後史』岩波新書、1976年
七沢潔『原発事故を問う――チェルノブイリから、もんじゅへ』岩波新書、1996年
日本学術協力財団編『冷戦後のアジアの安全保障』大蔵省印刷局、1997年

日本平和学会編『沖縄――平和と自立の展望』早稲田大学出版部、1980年
日本弁護士連合会編『日本の安全保障と基地問題――平和のうちに安全に生きる権利』明石書店、1998年
野村浩也『無意識の植民地主義――日本人の米軍基地と沖縄人』御茶の水書房、2005年
長谷川公一『脱原子力社会へ――電力をグリーン化する』岩波新書、2011年
ロバート・D・パットナム『孤独なボウリング――米国コミュニティの崩壊と再生』柏書房、2006年
半田滋『闘えない軍隊――肥大化する自衛隊の苦悶』講談社＋α新書、2005年
半田滋『「戦地」派遣――変わる自衛隊』岩波新書、2009年
日高六郎編『1960年5月19日』岩波新書、1960年
広河隆一『福島 原発と人びと』岩波新書、2011年
ジェイムズ・S・フィシュキン『人々の声が響き合うとき――熟議空間と民主主義』早川書房、2011年
深瀬忠一『戦争放棄と平和的生存権』岩波書店、1987年
福島重雄・大出良知・水島朝穂編著『長沼事件 平賀書簡――35年目の証言 自衛隊違憲判決と司法の危機』日本評論社、2009年
藤木久志『刀狩り――武器を封印した民衆』岩波新書、2005年
布施祐仁『日米密約――裁かれない米兵犯罪』岩波書店、2010年
サビーネ・フリューシュトゥック『不安な兵士たち――ニッポン自衛隊研究』原書房、2008年
保阪正康『六〇年安保闘争の真実――あの闘争は何だったのか』中央公論新社、2007年
星紀市編『砂川闘争50年――それぞれの思い』けやき出版、2005年
星野安三郎「平和的生存権序論」小林孝輔・星野安三郎編『日本国憲法史考――戦後の憲法政治』法律文化社、1962年

星野安三郎・古関彰一『日本国憲法 平和的共存権への道――その世界史的意味と日本の進路』高文研、1997年
堀江邦夫『原発ジプシー 増補改訂版――被曝下請け労働者の記録』現代書館、2011年
本田宏『脱原子力の運動と政治――日本のエネルギー政策の転換は可能か』北海道大学図書刊行会、2005年
前田哲男『自衛隊――変容のゆくえ』岩波新書、2007年
孫崎享『日米同盟の正体――迷走する安全保障』講談社現代新書、2009年
松野弘ほか編『現代地域問題の研究――対立的位相から協働的位相へ』ミネルヴァ書房、2009年
三浦耕喜『兵士を守る――自衛隊にオンブズマンを』作品社、2010年
水島朝穂『武力なき平和――日本国憲法の構想力』岩波書店、1997年
道場親信『占領と平和――〈戦後〉という経験』青土社、2005年
道場親信『抵抗の同時代史――軍事化とネオリベラリズムに抗して』人文書院、2008年
三宅勝久『自衛隊員が死んでいく――〝自殺事故〟多発地帯からの報告』花伝社、2008年
三宅勝久『自衛隊という密室――いじめと暴力、腐敗の現場から』高文研、2009年
宮本憲一・川瀬光義編『沖縄論――平和・環境・自治の島へ』岩波書店、2010年
森川友義編『60年安保――6人の証言』同時代社、2005年
森英樹・渡辺治・水島朝穂編『グローバル安保体制が動きだす――あたらしい安保のはなし』日本評論社、1998年
森本敏『日本防衛再考論――自分の国を守るということ』海竜社、2008年
屋嘉比収『沖縄戦、米軍占領史を学びなおす――記憶をいかに継承するか』世織書房、2009年
屋嘉比収『〈近代沖縄〉の知識人――島袋全発の軌跡』吉川弘文館、2010年
八木正編『原発は差別で動く――反原発のもうひとつの視角』明石書店、2011年

矢口芳生編『中山間地域の共生農業システム――崩壊と再生のフロンティア』農林統計協会、2006年
山内徳信『沖縄・読谷村 憲法力がつくりだす平和と自治』明石書店、2007年
山岡淳一郎『原発と権力――戦後から辿る支配者の系譜』ちくま新書、2011年
山本英治『沖縄と日本国家――国家を照射する〈地域〉』東京大学出版会、2004年
屋良朝博『砂上の同盟――米軍再編が明かすウソ』沖縄タイムス社、2009年
吉岡斉『原子力の社会史――その日本的展開』朝日選書、1999年
吉川勇一『市民運動の宿題――ベトナム反戦から未来へ』思想の科学社、1991年
吉川勇一「原水爆禁止運動からべ平連へ」高草木光一編『連続講義 一九六〇年代 未来へつづく思想』岩波書店、2011年
吉田敏浩『密約――日米地位協定と米兵犯罪』毎日新聞社、2010年
吉田裕『兵士たちの戦後史』岩波書店、2011年
与那国暹『戦後沖縄の社会変動と近代化――米軍支配と大衆運動のダイナミズム』沖縄タイムス社、2001年
与那国暹『沖縄・反戦平和意識の形成』新泉社、2005年
寄本勝美・小原隆治編『新しい公共と自治の現場』コモンズ、2011年
C・ダグラス・ラミス『要石《かなめいし》――沖縄と憲法9条』晶文社、2010年
ティム・ワイナー『CIA秘録――その誕生から今日まで』(上)(下)文藝春秋、2008年
渡辺豪『「アメとムチ」の構図――普天間移設の内幕』沖縄タイムス社、2008年

対談

開沼博（東京大学大学院学際情報学府博士課程）×石田雄（東京大学名誉教授）

『「フクシマ」論——原子力ムラはなぜ生まれたのか』をめぐって

◆菊地原博（フリーライター）／村田浩司（編集者）

I　問題提起

◆「運動への視点」を歴史的文脈の中から考えたい

石田――今日は、最初に私が問題提起をしますので、その後は、自由闊達に議論したいと思っています。

まず、開沼さんの著書『「フクシマ」論――原子力ムラはなぜ生まれたのか』（青土社、2011年）を読んで、私があなたと議論したいと思ったのは、この著書が過去の事実についての分析として非常に優れていると感じたからです。それで、今日の問題提起としては、私たちが将来に向かって行動決定をする際、開沼さんの分析をその行動の指針にどういう形で読み替えられるか、ということなんです。それを仮に「運動の視点」と言ってもいいのですが、ただ、運動といった場合、開沼さんも著書の中で批判されていますが、やはり「反原発運動」は闘争的な運動とみられがちなのです。しかし私が読者に訴えたいのは、今日のこの議論を活動家の人だけではなく、普通の市民が自分の行動を決めようとする時に役に立つようなものにしたいということです。

そう考えた場合、開沼さんは著書の中で、「二つの原子力ムラ（すなわち中央で原発推進の国策を動かす原子力ムラと、原発立地を認める地域の原子力ムラ）のうちで、福島の原子力ムラに視点を置くことが自分の立ち位置だ」と言っておられるけれども、それについては私も非常に同感なんです。ただ、多少批判めいたことを申しますと、ムラといってもそれは決して一つではない。立ち位置というのは、最終的には個人の問題に帰結するのではないかと思うわけです。そうすると、「ムラの中のどの個人の立ち位置に立つか」ということが問題であり、それがおそらく、さきほど申し上げた、一般市民が行動決定をする場合の一つの重要な手がかりになるだろうと思っています。

そのことを、もう少し噛み砕いて申し上げますと、たとえば急に電車が止まったとします。そうすると満員電車で乗客は将棋倒しになる。その将棋倒しの真ん中に置かれた人には三つの選択肢がある。

一つは、上からきた重みを成り行きに任せて、そのまま自分の下にいる人にも伝えていく。これがおそらく一番多いだろうと思われます。それから、もう一つの選択肢としては、自分の下にいる人を踏んづけて、将棋倒しの中から抜け出そうとする人がいるだろうと。それから三番目は、これがいちばん難しいんだけれども、どこかに掴まるか何かして、自分に掛けられた重みを下の人に伝えまいとがんばって抵抗すると。そうすると、自分より下にいる人は、その間に起きあがって、やがてその人も、将棋倒しを何とか立て直そうと自分と一緒にがんばってくれる。そういった人たちが何人か出てきて、スクラムを組んで将棋倒しを食い止めることができれば、それは一番有効だと思います。

ただ、多くの人の場合は、一番目の選択肢、すなわち、上から来た重みを成り行きにまかせてそのまま下のほうへ伝えていくことを選ぶわけです。これを丸山眞男の表現でいえば「抑圧移譲」ということになるわけですけれども、抑圧移譲されると、下に行けば行くほどますます重みがかかってくることになるわけですね。当然、先ほど申し上げた原子力ムラの中にも、そうした抑圧移譲の状況がある。その時に私たちは、三つの選択肢のうちの、どの立ち位置に立つのか、ということが重要です。

もちろん町長さんもたいへん苦労していらっしゃると思います。たとえば双葉町の岩本忠夫元町長は原発反対派から、愛郷という考え方を軸に原発賛成派に転じましたが、それにはいろいろな理由があったと思うんです。しかし、とにかく町長の立場でみる場合と、最下層に位置する人の目からみる場合とでは大きく違います。

たとえば、福島の被災地では障がい者が非常に困っているということが報道されました。これはなにも原発事故が起こってはじめて困ったわけではないんだけれども、もともと困っているのが原発事故で障がい者のための施設が運営できなくなり、いよいよ困った状況になったわけです。あるいは、小さな子どもを抱えているお母さんたちも、放射能汚染が心配で子育てにたいへん困っている。

そういうことになると、「誰の立ち位置に立ってものを考えるのか」ということは、実は「原子力ムラの立ち位置に立つ」ということではなく、「原子力ムラの誰の立ち位置に立つのか」という問題ではないかと思うわけです。

ただ、「三つの選択肢」と申し上げましたが、それを個人で選択するというのはたいへんに難しいことだと思います。私はよくプリーモ・レーヴィの「灰色の領域」（注：北イタリアのユダヤ人科学者レーヴィはナチの強制収容所に入れられ、そこに収容されているユダヤ人の多くが、何らかの形で加害に加担している姿をみた。そこで彼は被害者と加害者は、白と黒のようにはっきり分かれているのではなく、ほとんどの人は「灰色の領域」で被害者と加害者の両面を持っているのだと考えるようになった。この考えを彼は『溺れるものと救われるもの』〔朝日新聞社、２０００年〕の中で鋭く指摘した）という言葉を使いますが、多くの人はこの灰色の領域にあるわけで、黙っていたり、放っておいたりすると沈黙の螺旋が起こり、社会はだんだんひどいことになっていきます。ですから、そうならないために抵抗しなければならないのですが、しかし、抵抗するのには特別な努力が必要となってきます。すなわち、抵抗する場合には、自分は被害者であるけれども、同時に加害者であるということも意識しないと、それは抵抗の力になりません。そして、そういう立ち位置から将来に向けてどういう行動の選択をするのか、ということが私の問題意識なのです。

そして、私たちが具体的に福島のムラについてみていく場合に、なるべくなら長い歴史的文脈の中で福島は今どういう位置にあるかということを踏まえ、その上で将来に向けて運動の指針を決定しなければなりません。

では、実際にどうやって現実の中から将来の可能性を見出していくのかというと、私は普遍的な理念というものを念頭に置いています。たとえば、「すべての人の命を大切にする」という普遍的な理念です。そして、「すべての人の命を大切にしよう」と思う人たちがスクラムを組んでなんとかできないかと努力するわけです。

そうした場合、最も困っている人が声をあげられれば、わかりやすいわけですが、困っている人はしばしば声をあげられない。そこに難しい問題があります。

原発と関連した問題でいえば、カナダでは、原子力の核廃棄物の処理をどうするかということで、熟議民主主義（deliberative democracy：討論による熟議を制度的にとり入れようとする民主主義）を行った経験があります。カナダの場合、人口の少ないところを選んで廃棄物の保管所を探すわけですが、そうした土地は必然的に先住民の住んでいるところになるわけです。したがって、マイノリティである先住民の声もちゃんと汲み上げるために熟議民主主義を行ったという経緯があります。ところが結果的にみたら、それでも先住民の間では不満が残りました。

ただ、不満が残ったといっても先住民は声を出せたわけです。しかし、声をまったく出せない人がまだいるわけです。それは将来の世代なんですね。そこが原発問題でいちばん難しいところです。カナダの場合これを道義的責任という形で取り上げようとしています。

そのことを念頭に置いて考えてみると、歴史的文脈の持つ意味がそこからまた出てくるわけです。つまり、将来世代の直面すべき問題を、この歴史の文脈の中で予測しなければならない。その時、あなたがやられた日本の近代化の問題をえぐる一つの見方として、外へのコロナイゼーション、それから内へのコロナイゼーションということを言われた。私は、これが非常に重要な問題指摘だと思っているんです。しかもあなたは、１９９５年からさらに新しい段階に入ったと言われる。ただ、ここのところは、どうもこの本で十分な説得力がないような気がしますが。

まあそこも含めて、歴史的な文脈における日本の近代の流れと、いわばその流れの惰性としての将来の予測を念頭に置いて議論をしていけば、過去の歴史のことを議論していても今日とかかわってくると思います。そうすれば、あまり歴史に関心のない読者でも、歴史を参照しながら、将来に向かって選択をする手がかりを掴んでいただけるのではないかと思っています。そこが狙いなんです。

それで私は、この対談をどういう方向で議論するかという点について申し上げたので、ここであなたのご意見をうかがって、これからの議論の展開をまた考えていきたいと思います。

◆「反対派の声」だけが声ではない

開沼――はい、わかりました。いろんなお話があったと思うんですが、何点かに分けて答えてみたいと思います。まず、「原子力ムラといってもそれは一つではない。その中のどの個人の立ち位置に立つのか、ということが重要だ」とのご指摘でしたが、おっしゃるとおりです。

ただ「どの個人」とは名指すこと自体が容易ではない。名指せる時点でそのアクターは社会において何らかの存在感を持っている。この人は名指せる、この人も名指せる、でもこういう人もいるなあと、狭めていく中でみえてくる人々が私にとっての「どの個人」です。少しわかりにくいかもしれません。でも、実際は名指せない人のほうがその社会では圧倒的マジョリティとして存在し、それをメディアや学者は看過してきた。それによって解くべき問題を解けぬままにきたのではないかという問題意識がありました。

実は先週、北海道の泊村にある泊原発に調査に行きました。そこには反対運動をやっている有名な方がいて、その方にも話をききに行ったんですけれども、「昔はいろんな人が運動していたけれども、何十年とやっていく中でもうだんだん人が減ってしまって、運動しているのは今は私ぐらいなんだよね」と言っていた。泊原発の話は全国紙ではさんざん議論になっているし、再稼働するのかどうかという問題はあるけれども、しかし現地に行ってみると、マスコミで騒がれているほどには単純に批判的な勢力がいるわけではない。これは、私が最初に福島に行った時にも思ったことなんです。メディアにかぎらず学者も自らの「見解」を作るのが安直すぎる。取材する前から答えありきなんです。とりあえず権力批判らしきことをして、ほどよい「希望」を提示すればいいと、その方向に沿った動き方しかしない。たとえば、とりあえず反対派の方のところに話をききに行く。そうすれば、「行政はこういう悪いことをやってね」とか、「実は表には出てないけどこういう裏話があってね」みたいな話がきけるわけです。それはそれで非常に面白いし、その人たちは運動をずっとやってきている方だから、「自分の言葉」も持っているわけですけれども、じゃあ「3・11以前に何万人も暮らすあの4町でどれだけの人間が反原発運動をやってきましたか」といえば、結局10人未満というのが福島の状況だったわけですね。無論反対運動をやってきた人たちはいるけれども、そうではない層の人たちというのも大勢いるわけです。

ただ、この層の人たちは、反対運動をやってきた人たちほどには「自分の言葉」を持っているわけではありません。その言葉や内実を理解し整理するのは簡単ではない。しかし、そういう人たち、福島でいったら「原発にあってもらわないと困る」というような人たちのほうが圧倒的なマジョリティとしてそこに存在していた。その現実をすっとばして、自分が言いたいことを代弁してくれる当事者をひっぱってきて語らせてよろこんでいるメディアや学者が、実は問題のみるべき核心をみえなくしている。だからこそ、一見「自分の言葉」をもたないその人たちの声に耳を傾けるということが今必要なんじゃないかなと思ったわけですね。

「自分の言葉」を持つという点ではほかにも町長とか政治家、あるいは地元の経済人のエスタブリッシュメントがいる。しかしそうではない、家庭で子育てている主婦や子ども、あるいは普通の労働者なんかも当然福島には住んでいるわけです。そういった人たちが原発をどのようにみているのかということが、メディアやアカデミズムでは描き切れていなかったのではないか、ということを思ったんですね。結局、反対運動をする人たちの言葉だけでは表象されにくいものであるし、もちろん政治家の言葉だけでも表象されにくい。言葉を通して表象されにくい部分でありながら、現地の人々に共有されている社会的な価値観や構造、外からみていてはつかみにくいリアリティをいかにつかんでいくか。その中でみえてくる「どの個人」というのは必ずしも容易に「この個人」とは言えないものですが、それが当然であるし、重要だとも思っています。

もちろん、私がそういった方針で震災以前に現地にあったすべてのリアリティを網羅できたとは思っていないですし、それは震災以後も特に意識しなくてはならないと思っています。

「どの個人」と名指せない人というのをもう少し具体的に言うと、たとえばメディアも学者もほとんどとりあげないいんでいないことにされていますけれども、実際今も20ｋｍ圏内に住み続けている高齢の方もいます。外の人間からしたら、被曝するし、つかまるし、なんで20ｋｍ圏内なんかに住み続けるのかと思うかもしれません。でもその方が泣きながら一生懸命語る、なんでそこの地域に残っているかっていう言葉には、非常に心を打つものがあるわけですね。「もう年配だから別にいまさら放射線がどうこうじゃないし、ここで農業をやりながら暮らしたい」という、そういった言葉を拾っていきながら、現地の状況をみていく必要があるのではないかと思っています。

次のご指摘である、「加害意識がないと抵抗の力にならない」というのは、まさにそのとおりだと思っています。それは今の話にもつながりますが、いわゆる反対の運動やそれにシンパシーを感じているメディアや学者が、どこかで敵や悲劇というものを求めその中で自らの加害意識を、本来明確にすべきなのに、不問にしてすませてきた部分があったんじゃないかと思っています。

それはたとえば、資本家と労働者という枠組を前提として、悪い資本家を倒すぞと。あるいはその資本主義体制の中でこういった悲劇が生まれているんだと、蟹工船みたいな物語を作っていき、その中で運動をしていく傾向があったのではないか。

おそらくそれで解決できた問題もあると思いますが、しかしそれで解決できなかった問題というのも多かった。そしてそれで解決できなかった問題というのが現代において非常に重要になってきていると思っています。

原発の問題こそその典型です。まさに革新派であるはずの電力総連や電機連合などの労働組合が、体制派と一緒に原発を支持・推進しているような状況に象徴的ですけれども、これまでの「体制派―革新派」のような枠組では問題をとらえきれないし、たぶんそういった色メガネをかけていること自体に気づかぬうちに見逃してしまっている問題があるんじゃないかなと思っていたんですね。

私の専門外なので軽々しくはいえませんが、私の本を読んで真っ先に連絡をくれたのが沖縄の新聞社でした。沖縄の問題もどこかでそうだと思うんですね。「米軍の騒音がひどい」「米軍は無理矢理に居座っている」と言いながらも、しかしその安保体制に乗っかり繁栄してきた日本という国があるということを、やはり明確に自覚しないことには、問題は解決しないだろうと思っています。

福島の原発も、東京に電力の安定供給をしてきて今に至っているのだということを自覚しないことには何も始まらない。とりあえず敵を作って、「米軍悪いんだ」と、「政府悪いんだ」「原発なくしさえすればいいんだ」と言って、自分の外側に問題を置いてしまってきたことが、今の問題を作っているのではないかと思っています。「加害の意識」という話には非常に共感します。

さらに、未来の世代の話を石田さんはされましたが、この問題は一般に想定されているより複雑な問題です。

たとえば、社会学者の大澤真幸さんも、やはり「原発というのは、未来の世代のことを考えていないために、このような状況になってしまったんだ」という議論をされているんですが、日本の原子力開発と戦後社会の状況を歴史的にみてきた私からすれば、大澤さんの議論は一面的です。すなわち、未来の世代のことを考えたがゆえに原発を作ってしまったという切実さ、これもまた圧倒的に正しい事実としてあるわけなんですね。

「原発を持つことが未来の世代の生を阻害している」という話と、「原発を持つことで未来の世代の生を助けている」という話は、どちらが正しいかどうかではなく、どちらも正しいという状況があり、現下の問題の困難性を作っている。

もっと言ってしまえば、複数の正義があり複数の合理性があるというような状況。それを直視しなければならない。私たちはどうしても答えを一つにしぼりたくなる。しかし、現実はそう単純化できない、より重層的なものとしてある。

それをどう扱っていくかという枠組を私自身は持っていないし、社会科学も考えていかなければならない状況なのではないかと思っているところです。

あと、最後の「１９９５年からの新しい段階」という話に対するご批判ですが……。

石田——それはまた、後でゆっくり話しましょう。

開沼——わかりました。じゃあ、とりあえず私のコメントは以上です。

◆「原発支持」の内容をどう仕分けていくか

石田――今のコメントに対して私が気持ちとして非常によくわかるのは、私自身が戦後民主主義の中で育った人間ですから、戦後民主主義の時代というのは、やはり悪玉善玉が非常にはっきりしていて、そういう意味で民主化対反動とか、そういう思考形態が非常に強かった。これに対して、現代世代の疑問が非常に強いというのは、これはある意味当然だと思うんです。だから、その点ではまったく同感です。

ただ、多数が原発を支持しているとおっしゃる場合に、その原発支持という内容をどう仕分けていくかが問題だと思います。これは余談ですが、『ルポ原発難民』（潮出版社、2011年）という本がありますが、その著者である粟野仁雄さんは良心的な人で、いちいち全部実名を書いてるわけですね。実名を出しているということは、その人たちに記事に掲載することの了承を求めているのです。

それで、粟野さんが取材した人に了承を求めに行くと、東電批判をしていたその人が、「やはり困りますから勘弁してください」と言うのだそうです。そうすると、福島の場合でも、さきほどの灰色の領域の中にいろいろな人がいるけれども、自分の意見を言えない人が非常に多いということも考慮に入れておかなければならない。自分の意見を言えないから本心は反原発かというと、そんなにはっきりしているわけでもない。だけれども「やはりおかしいのではないか」と思っている人はたくさんいるわけです。それで、その人たちを一括りにして賛成派とも

いえないし、反対派ともいえない。

つまり私が言いたいのは、それが灰色の領域であり、その層がどうなるかということが重要な論点だということです。特にここに力点を置いて議論をしていきたいと思っています。

それからもう一つは、開沼さんが「原発が未来を支えているということもありうる」と指摘されましたが、これは開沼さんのいう「立ち位置」、あるいはその基礎となる「価値的前提」（注：誰でも、意識していなくても、それぞれの価値的前提を持っている。マックス・ウェーバーが「価値からの自由」を提唱したのは、この前提をなくすことではなく、それを持っていることを自覚することによって、それから生まれる希望的な見方のような偏りが生まれることを防ぐ必要性があることを示したものである）とも関連する話ですが、「すべての人の命は尊重されるべきである」という価値を選ぶのか、それとも、「少しの人の命は犠牲になっても経済発展をすべきだ」という価値を選ぶのか、その選択の問題になるだろうと。だから、最後は「立ち位置」あるいは「価値的前提」が問われるのだろうと思います。

加えて、もう少しよけいな批判まで言ってしまいますが、戦後民主主義の時代というのは、価値を強調しすぎたがために、「価値から自由にならなければならない」という反動が生まれた。それで、「自分は価値から自由であるべきだ」ということがいつの間にか、自分の価値選択を自覚しないですましてしまうことになってしまったわけです。

つまり、「未来は原発によって支えられる」と主張する人は、自分では意識していなくてもその人の価値的前提を基にそう言っているのであり、そのかぎりではまことに真実を語っている。だけれども、その場合にはやはり、その人の価値的前提まで問われなければいけないだろうと私は考えるのです。

それが問われないと、たとえば科学者の場合、「放射線のDNAに対する影響はこのレベル以下だったらまだ実証されていないからわからない」ということになるわけですね。しかし、「実証されていない」ということと「危険性がある」ということとは矛盾しないわけです。だから、「これ以上はわからないからリスクがあってもやるべきだ」という選択肢を選ぶか、それとも、「とにかくリスクがあるのだから、人間の命を大切にするということであれば原発は止めるべきだ」という選択肢を選ぶか、まさにどちらの価値的前提を選ぶのか、という問題にまで行く着くわけです。

ところがそれが、政策決定者はもちろんのこと、学者までが価値的前提は問題にしないという風潮ができてしまったということが問題だろうと私は思っています。

まあ抽象論はそのくらいにして、日本の近代発展の特徴づけという具体的なテーマに移ってよろしいでしょうか。

開沼――はい。

石田――ではまず、開沼さんのいう「外へのコロナイゼーション、内へのコロナイゼーション」という指摘から議論していきたいと思います。その前に、「コロナイゼーション」という言葉を「植民地化」という言葉に置き換えて議論させてください。

お互いに社会科学者だから、放っておくと隠語を使いたくなるわけです。だから、一般読者を前提として、なるべく平らな言葉で話すということを心がけるようにしましょう。これは私自身にもいましめとして言っているのです。

開沼――はい。わかりました。

2 「外への植民地化、内への植民地化」をめぐって

◆福島における「強制的な周辺化」という問題

石田――そうしますとね、私は、「外への植民地化、内への植民地化」がたいへんに重要な指摘だと思っているんです。というのは、私はかねてからそれに

近いことを考えていたのですが、ちょっと表現が違うんです。『記憶と忘却の政治学』という著書に収録されているのですが、『思想』に3回連載した「同化政策と作られた観念としての日本」という長い論文があるんです。その中で、中央と周辺との関係という形で私はとらえたわけです。つまり、中央が植民地を吸収して、そして同化していく。しかしその同化というのは差別を含んでいます。すなわち同化には、差別と吸収という両面があるということです。

それでもう一ついえば、同化のための吸収は自覚的にやられたのではなく、あたかも自然に、たとえばアメーバが膨張していったかのようになされたものだといえます。

だから、戦後はそれが自然に収縮したかのように縮まってきた。しかし、構造は変わりません。その見事な証明が、朝鮮チッソの例です。すなわち、伝説として言われていますが、「労働者は牛馬と思って使え」と言った野口遵の企業文化がそのまま水俣に入ってきたり、工場長が朝鮮チッソの出身者だったりするわけです。さすがに、チッソの正規労働者は組合員なので牛馬として使えなかったけれども、しかし下請け労働者は牛馬として使われた。あるいは漁民を人間として扱わないという体質は、まさにあなたのおっしゃる「内への植民地化」というものが作り出したといえるでしょう。

そのことを考えると、たいへんにあなたの分析は重要なのですね。ただ、私はなぜ中央—周辺という言葉を使ったかというと、その時には必ずしも十分意識していなかったんですけれども、いろいろな中央—周辺の関係があり、実は福島が経験したのは、強制的な周辺化という非常に珍しい事例だと思います。つまり、1869年に会津藩が取りつぶしになり、斗南藩という形で下北の陸奥に追いやられました。それがまさに今、下北核半島といわれるものになっているというのは、皮肉であるけれども、ある意味では必然でもあるわけです。

だから、私は植民地化という言葉をあえて避けて、中央—周辺という概念で考えた。つまり、仙台と会津などの当時の東北は、新しい天皇を担いで中央政府になろうとしたわけですから、中央に近かったといえます。しかし、それを文字通り強制的に周辺化した、つまり本州の北端に追いやったわけですね。それで差別した。ですから同化には、吸収して差別する場合と、周辺化して差別する場合があるのです。

◆戊辰戦争からみえてくるもの

石田——そうするとね、それに対する対応がまた非常に面白いんじゃないかと私は思うんです。あなたは著書の中で、琉球処分のところまで遡っておられる。それをもう少し遡ると、今申し上げたように、1869年の会津藩の運命まで行くんじゃないかと私には思われます。

同じ福島県でも地域により多様性があり、たとえば、会津藩・仙台藩および列藩同盟を裏切り新政府軍に降伏した三春藩の河野広中は、その後自由民権運動の活動家から政治家になる。

そうした地域的多様性を前提とした上で、会津藩を中心にみると、その藩士の対応の中に先にあげた三つの類型がみられるだけでなく、一人の人物が一つの類型からほかの類型に動く場合がある。その典型が柴四朗という会津藩士です。彼は、東海散士というペンネームを名乗り、『佳人之奇遇』というベストセラーを書きました。これは1885(明治18)年に書いたもので、ストーリーは詳しくは述べませんが、フィラデルフィアの独立宣言が採択された記念すべき場所としてのいわゆる独立閣、インディペンデンスホールで3人の男女が出会うというところから始まります。3人ともがある意味では亡国の志士とでもいいますか、1人はアイルランド、1人はスペイン人、そして1人は会津藩士の3人です。それで、亡国の悲哀の中からいかにして抵抗するかという物語で、その中には亡国の事例としてエジプトやポーランド、あるいはハンガリーとなどが出てくるわけです。たいへんにグローバルな視座を持った

た。政治小説なわけですね。それがベストセラーになっ

ここから先は私の推測ですけれども、それは二重の意味を持っているわけです。つまり、会津藩士柴四朗にとっては、会津は亡国の象徴です。ところが、ほかの多くの読者にとっては、日本が不平等条約のもとからいかに脱却していくか、つまり、この本のストーリーをナショナリズムのほうに読むわけです。この小説は延々と続いて、1897(明治30)年まで続きます。ただ、最初のところは面白いのですが、だんだんつまらなくなってくるんで、正直いって私は全部は読んでいません。

ところが、この柴四朗がその後どうしたかというと、朝鮮に行って閔妃《みんぴ》虐殺に加わるのです。閔妃は、諡号《しごう》を明成皇后といいますが、この事件は要するに、閔妃がロシアに近い反日の政治指導者であったがために、当時の日本の外交官や右翼などが暗殺計画をして、宮殿に乗り込んで彼女を殺害するわけです。その時にどうも彼はかかわっていたんではないかといわれています。つまり、亡国の民であり抵抗の主体が、いつの間にか侵略の主体にかかわってしまっている典型的な事例です。

もう一つ兄弟で異なった類型を示す例を申し上げますと、第一次世界大戦の後、四国の愛媛県に、ドイツ兵の捕虜を収容した板東ドイツ人捕虜収容所というのがありました。それで、そこの収容所長が、やはり昔の会津の出身の松江豊寿なんです。板東ドイツ人捕虜収容所の前には、九州の久留米捕虜収容所があったのですが、そこの収容所長は、皇道派の大将になった眞崎甚三郎で、彼は大将まで出世するわけです。ところが彼が所長を務めた久留米捕虜収容所は、捕虜への待遇がよくなかったんです。それで、捕虜収容所が九州から四国に移ってきて、板東収容所の所長になったのが松江豊寿でした。

彼はたしか少将でおしまいになってしまうのですが、しかし彼は捕虜に対してはたいへんに人間的な処遇をしたといわれています。つまり、ベートーベンの交響曲第九番が今でも日本で演奏されるとい

うのは、その時に始まったんだといわれるぐらい、オーケストラの問題とか、パンの製造とか、いろんなドイツ文化を日本に取り入れる上で重要な役割を果たした人なんです。そういう人間的な処遇をした会津藩士がいたわけです。

ところが、松江豊寿の弟で松江春次という人がいるんですが、この人は、日本の植民地であった台湾に渡り、そこで働いていました。そして第一次世界大戦で南洋群島が日本の委任統治の下におかれたというので、東洋拓殖株式会社と組んで南洋興発という有名な会社を作るんです。それで彼は何をしたかというと、福島や山形の人をサイパンに連れていき、そしてその下に沖縄の労働者を労働力として使うことで製糖業を始めようと思ったんですね。沖縄の労働者というのは非常に重要で、当時沖縄はソテツ地獄とよばれていたように、ものすごく経済的に困っていた時だから、沖縄の労働者は非常に安い賃金で雇うことができました。それゆえ南洋興発は大成功をするわけです。

それで、福島や山形のいわゆるヤマトの人間は、みんな契約移民で特別待遇なんです。それに対して、沖縄からの集団的な就職者というのは、「自由移民」とか「呼び寄せ移民」などと呼ばれて、差別されたんです。それで、沖縄の労働者がストライキを起こしたりするわけです。しかし、その沖縄の労働者の下には朝鮮人がいて、さらにその下には先住民がいる。こういう見事な、重層構造ができているのですが、そのような植民地経営の尖兵になったのは、また会津の出身だということです。

そうすると、先ほどの三つの類型の中で、いろいろ人がいるだけでなく、一つの類型から次の類型に微妙な移行形態が出てくるんじゃないかと私は思っています。で、そういうことを考えると、その後のやり方をみていても、非常に微妙に灰色の領域があっちに行ったりこっちに行ったりするというのが、実に歴史の彩りをたいへんに派手にしているというのか、醜くしているというのか、とても複雑な様相になって出てくるわけです。

だから、おそらく今日の福島のムラをとっても、いろいろな類型が出てくるのだろうと思います。それでその類型というのは、決して固定したものではなく、一人の人が反抗から従属へ移る、あるいはもっと突き抜けて、それを利用して出世しようというのも出てくると。あるいは没落するのも出てくるだろうと。そういうことでみていくと、非常にいろいろな問題がみえてくるのではないかと思っています。

また、もう一つ興味のある事例として、会津が原発事故の被災者を受け入れる時に、かつての斗南藩を青森の人が受け入れてくれた恩返しをしなければ、と言った地域指導者がいるということをつけ加えておきます。

戦前と戦後の対比はこの次の議論にするとして、今はあなたが取り上げられなかった時代のところだけコメントしてみました。ちょっと、あなたの反応をおきかせください。

◆現代における支配の構図と原発の問題

開沼――はい。今のような歴史的な事実は、当然織り込まずに私のモデルである三つの類型（注：『「フクシマ」論』において、1945年を中心に、①その前の50年間＝1895〜1945年を外への植民地化、②後ろの50年間＝1945〜1995年を内への植民地化、さらに③1995年〜を自動的かつ自発的な植民地化とした）を作ったのですけれども、今ご指摘いただいたような歴史のより深い部分もその中でふまえられていくべきと考えています。実はこのモデルは私自身の身近な経験の中から直感的に組みたてていったものです。侵略される側や抑圧される側がいろいろな形で抵抗しようと思っていてもいつのまにか服従する側になったり、あるいは服従する側が意図せぬままに支配する側に加担したりっていうことはいろいろな場面においてあるんじゃないかなと思ったんですね。

具体的な例を出します。私は20代の前半、ずっと仕事をしながら大学に通っていて、ほとんど働いていた記憶しかないといってよいくらい働いていました。その一つがインターネットの会社での仕事ですが、今回この事故が起こって、急に「原発労働が多層下請け構造になっており、それはよくない」という議論がよくなされるわけです。しかしそれは、一見最先端の産業であるようにみえるIT業界でも普通にあることです。多層下請けという点ではまったく変わらない状況です。

なぜそうなっているかといえば何重にも下請け構造になっていて、上の方はある面でピンハネをして下の方に仕事を回していくわけですけれど、ただそのピンハネをしていく中で、いろいろなリスクが回避されたり、安定した仕事が供給される体制ができたりしているという事実もあるわけです。だから原発、ITに限らず、製造業だって出版業だって普遍的にその構造はある。そしてたぶんそれは、日本の戦後の成長つまり内への植民地化の時代を支えてきた構造そのものであるのではないかと思っています。

それを「原発労働だけがひどい」みたいな議論にしてしまうのは話を単純化しすぎだし、先に申したように、過剰に敵や悲劇をでっちあげている。じゃあ原発労働だけなくなればいいのか、自分は原発労働的な構造に少しも加担していないと言えるのか、まずその点について、自らにひきつけて考えなければ根底にある変えるべき構造は何も変わらない。

外への植民地化の時代においても、その構造は戦争という枠組の中であらゆる形で存在していたであろう。外への植民地化の時代も内への植民地化とともに成長をめざした時代も、普遍的に、いろんな階層において、いろんな領域において原発労働的な構造が生じているんじゃないかなと思ったんですね。

じゃあ、そういったある種の人を制御する仕組みがいかにできてきたのか。それをみたかった。たとえばかつてなら、少しでも権力に抵抗したら殺されてしまうような時代があったかもしれません。それから比べたら今の状況は、まだましにみえるのかもしれない。ただ、もしかしたら、ましにみえているようでいて、実は権力の形がより精密になっただけだといえるのではないか。つまり、人を殺さなくても人を制御できるようになっている時代のほうが恐ろしいんじゃないのかなと思ったわけですね。これを私は「統治システムの高度化」として三つの類型と並べる形で論じました。そして、こうした構造の中に実は原発は組み込まれている。そのような読み取り方ができるのではないかと思い、私はこの対象を選んだのです。

石田――余談になるかもしれませんが、開沼さんにおききしたいのが、福島というところに生まれて、今の世代がどの程度、戊辰戦争などの歴史を意識しておられるのかということです。

何年か前ですが、これは人からきいた話なのでどこまで事実だかわかりませんが、山口県の萩市が会津若松市に、「姉妹都市にならないか」「もう和解の時だ」という申し入れをしました。ところが会津若松市は、「まだ早い」と言って断ったという話があるんです。つまり、これはある意味では非常に象徴的な話なわけです。被害者は被害の事実を容易には忘れない。一方で加害者はすぐ忘れちゃう。だから、「もういい。手を握りましょう」と萩市は言ったのですが、「やはりそれはそんな簡単なものじゃありませんよ」と言って会津若松市は断ったのです。

それで、どのくらいそのような感じ方が今の世代にあるのか、あなたにちょっとお伺いしたいと思うのですが。

開沼――私は、福島県の中では会津と対極の位置にあるいわきの出身なのですが、少なくともいわきのような海側の人間にはそんな明治の意識とかはほとんど残っていないです。

そういうエピソードは確かによくきくのですが、みんながみんなそう思っているかというと、そうではなく、むしろ、そういう姉妹都市を結ぶための意思決定をするようなインテリ層の間で特に、そういう意識が残っているというレベルの話ではないでしょうか。

石田――白河以北一山百文という表現は知ってます？

開沼——はい。

石田——それはやはりそれなりに意識にはあるわけですね。

開沼——ただ、大衆の中での意識に常にあるかっていうと、それはまた別の問題だと思います。「そうした意識がなくはない」という感じでしょうか。

石田——そうすると、もう一つおききしたいのは、あなたが下北に行ってどう思われたかということです。私は形式的には青森市生まれなんです。ただ、生まれてから6カ月も住んでいませんでした。そして、それ以後は自分の生地を訪れたことがないので、青森は私にとっては、文字通り想像の共同体としての郷土にすぎないんです。

それで、青森というのは本土の北端に位置し、三沢の基地と六ヶ所村と、つまり、安保と原発の両方がしわ寄せされている土地なわけです。そのことについて、あなたはどのように感じられましたか。

開沼——先ほど、今回の原発事故を受けて沖縄から連絡があったと申し上げましたが、一方で北海道や北陸からも連絡がありました。沖縄はちょっと違うかもしれませんが、北海道や北陸などは、気候も厳しく産業も育たないため、農業も製造業もなかなか誘致しづらい状況が戦前から戦後までずっとあり、それこそ周辺的な地域だったわけです。そして、原発を抱えることになっている。

その点でいえば、特に青森は本州の中にありながら、周辺の中の周辺といってもいいような状況にあったため、石田さんがご指摘されたようなことになってしまったのだと思います。

著書にも書きましたが、現地に行ってみてみると、6月になってもストーブが片付いていなかったんですね。遠くにいたらわからないけど、しかしその人たちがいかに生きていくかという苦渋の選択の中で、安保と原発のしわ寄せを受け入れるような選択肢を選ばざるをえなかったということを実感せざるをえない光景でした。そしてそれは、決して自己責任などと呼べるようなものではありません。

◆「周辺を犠牲にして中央が繁栄していく」歴史的連続性

石田——それでは、「いつも周辺を犠牲にして中央が繁栄していく」というやり方が、では戦前と戦後でどう変わり、どの点で連続しているのかというテーマに話を移して、だんだん現代に近づけていきたいと思います。

東北では昭和恐慌の際、「娘売ります」という有名な看板が出ました。そして、このような状況が一つのきっかけになり、2・26事件の一つの口実にもなったし、それから、満州への侵略の口実にもなったといえます。

そういう状況の中に福島があったわけですが、今度はムラというレベルで考えてみますと、私の前著である『誰もが人間らしく生きられる世界をめざして』にもちょっと書きましたが、どうも2回の大きな変化が戦前にあったと思っています。

1回目の変化は明治末です。これは日露戦争後いろいろなことで変わってきたのですが、中央—周辺という点からそれを見直すと、地主が次第に土地に根ざさずに、土地を投資の対象とするようになり、不在地主化してくるという傾向が次第に始まってきました。そこで、何を政府がやったかというと、地方改良運動というのをやったわけです。これは、ある意味でいえば、教化運動ともいわれるくらいで、いわゆる「お説教」なんですよね。

この教化運動で、ただ一つ実体的に意味のあったのは、青年団を振興し婦人会（処女会という名前の場合もありましたが）を作っていったことです。それから、在郷軍人会もその頃から始まるわけですけれども、そういう形で、今まで地主の自然的な支配だったのを補強するような構造が作られていきました。つまり、この時に一度中央が周辺の地域を統合するやり方に新しい工夫がされました。

それから、もう一つの変化は1930年代に起こりました。これは、農山漁村経済更正運動という有名な運動がその契機です。それは当時、産業組合という名前で呼ばれていた、ある種の協同組合を中心として行われたもので、具体的には在村地主と自作を中核にしてこれを皇国農民と呼び、彼らを中心として産業組合を自主的に育成したものです。そして一方では、資本による農民の抑圧を防ぎ、小作争議に対しても、不在地主を主導にしたのではない、自作農中心の秩序を作るのだという建前をとった。つまり、こうした変化が起きてきたわけです。

ちょうど同時期に、労働組合もある程度認めて産業報国会という形で編成していこうという方向になりました。そうすると、大正デモクラシーの反抗運動を経た後に、この時はじめてある種の自主性を持った組織化を、体制の中に組み込んでいこうという動きになったわけです。すなわち、ある程度周辺の自主性を認めて、中央がその周辺を再編成しようとした。それはただ単に、明治の末にやったようなな精神的な再編だけではだめで、その秩序の中にいる利益もある程度は渡るように、ある種の受益者意識を持ったようなものとしてムラや組合を再編しようとする動きが出てきたわけです。

ところがその後、次第に軍国主義が強化されてくると、労働力が減ってくることもあり、そんなことを言ってはいられないという状況になりました。何が何でも供出で食料を集めなければいかんと。それから、何が何でも働かせなければいかんということで、最後はそんな自主性なんて生やさしいことを言っている時代じゃないということで、大政翼賛会以後、今度はもうバッサリ上から統合して、そしてある程度の自主性を持った組織は潰されてしまったわけです。

そうすると敗戦後、今度は小作運動を指導していた人たちが、農地改革でまた元気を出してきた。農地改革はもちろん、占領軍に指令されたという面もありますが、しかし戦前から農林省も自作農を創設する方向はめざしており、それが戦争で阻害されたという経緯があるわけです。ですから、戦前の自作農創設の延長線上に敗戦後の農地改革が実現し、ムラはもう一度自発性を取り戻すわけです。

はじめは小作争議を指導した小作層が農地委員会などで活躍をしていたのが、その後農協の指導者が次第に組織の中心になってきます。その組織的な指導者の中には、もちろん地主の出身もいますが、一方では小作の出身や自作農もかなりいます。すなわち、組織の中の指導力が問われて指導者ができてくる状況になりました。

それから他方では、財閥解体になり、財閥家族の支配が崩れ、同時に労働組合の力が強くなってきます。

ところが、ちょうど1950年代のなかばぐらいから、今度はそれらの新しい組織が利益団体として、その立ち位置が固定化していくのです。そうすると農協では、その前にあったムラの意識がもう一度復活するわけですね。これはイギリスの社会学者R・ドーアが見事に書いていますが、地主と小作の階層差がなくなっただけに、横の連帯感というのが強化されたということです。そういう形で新しく農協というものを中心にして農家は再編されていく。そして農協は、一時は農家の99%まで組織化を進めるわけですが、その農協がだんだん今度は利益集団化していくのです。

そうして農協が利益集団化してくると、そこには二面性が出てくることになります。すなわち、鉢巻きして米価要求をするというところでは非常に大衆団体的な運動をするわけです。ところが、しかるべく米価を獲得するという意味では、高度成長のおこぼれをちょうだいするわけです。結局、高度成長の分け前をよこせということになるのです。

同じことが労働組合についてもいえるわけで、労働組合も、戦前は職場の連帯を産業報国会が利用しようとしていたのが総力戦で上からの強制的な統合になる。ところが、それが結局戦後の最初は占領軍のお墨付きで、「みんな組合を作れ」ということになった。そうすると、組合の指導者になったのは結局ホワイトカラーであって、ブルーカラーは役付きが多かったわけです。それで、ホワイトカラーを中心にして、もっと極端にいえば戦前からの中間指導層を中心としてどんどん組合はできていき、そのようにして組合の同調的な協力は非常に強くなった。

ところが、総評も一時は平和四原則をとっていましたが、今度は占領軍の方針が変わり、結局1960年の三池闘争の「総資本と総労働の対決」で負けてしまうと、それ以降は第二組合がどんどんできるような事態になりました。そして今度は、企業別組合というのは実は企業に協力する組合になるということになってしまい、ここでも周辺の自主性というのがうまい具合に中央に吸収されていくわけです。そういう形で55年体制というのができたのです。そこから先は、あなたと議論したいというところなのですが。

私は、ムラの自主性であれ職場の自主性であれ、QCサークルのように上からそれを利用しようというのは日本的経営の特徴的なやり方だったと思っています。ところが、新自由主義的なイデオロギーとともに、金融資本の支配が1990年代の終わりぐらいから激しくなってくる。そうすると、もうムラあるいは職場の自主性なんていうことを言ってはいられないと。それで、上からの効率性というもので、締め上げていくと。そういうことに変わっていったわけです。

そうすると、この状態というのは、ちょうど1930年代から一生懸命自主性を吸い上げようとしていた努力が、戦争中の総力戦段階で一挙に上からの規制につぶされてしまったのと非常に似た関係があるんじゃないかと私は思うわけです。そこが、私は今の危機の根源ではないかと考えるわけです。

ところが、そういう頭であなたの著書を読むと、95年から後は自動化、自発化が進んだと書いてあるので、これはいったいどういう意味なんだろうと不審に思ったんです。むしろ、私のほうからいうと、およそ自発性というものは1990年代の後半からつぶされていったんじゃないかと思っているわけです。で、それが危機の問題ではないかと考えているのです。

その問題というものをもうちょっと説明すると、原発について言えば「原発ジプシー」といわれる何層にもわたった下請け構造の中で、労働者はそれこそ命を危険に晒されても働かされるという事態になっています。それから極端にいえば、私は原子力ムラも自主性はつぶされたと考えています。それで、原子力ムラはなくって、一種の東電の下請けになったと考えたほうが事態に即しているんじゃないかと私は想像するんですよ。

そこのところを、あなたのほうで、現実とその現実から振り返った歴史の文脈の中で、どのようにその事実を示していただけるのかというのが、今日おききしたい最大の問題です。それがおそらく今後の行動を決める上でかなり重要になるものだと私は思っています。

つまり、ムラを復活するという形で構築するのか、それとも、もうムラは壊れているんだから、新しい連帯を作っていくという方向に行くべきなのかという違いもそこから出てくるんで、それがいちばん議論したいところなんですよ。いっぺんにお答えいただかなくて結構です。たいへんな問題ですから。どこからでも、事実に即して。

開沼——わかりました。自主性がなくなったのではないかというご指摘はわかるんですけれども、もうちょっと何か具体的にご説明いただけますか。石田さんのいう「自主性」と、私のいう「自動的かつ自発的」という意味が微妙に違っている可能性もありますので。

石田——つまり、東電批判した発言を外に出されちゃ困るというのは、やはりそれは無言の圧力があるからです。私はそういう面を言っているわけです。だから、無言の圧力なくして、人が意思を自由にムラの中で表明できるかという、その問題です。

それは私の概念でいうと、「聖域」という言葉になるんです。聖域には、積極面と消極面があります。積極面というのは、「日本の将来の経済発展は原発によらなければならない」というのが積極面ですね。一方消極面というのは、「原発は危ないかもしれないけど、それをゴタゴタ言うとうるさいことになるから、まあさわらないでおこう」というのが消極面です。

それで、人によって積極面を言う原発推進派もいるけれども、多くの人はこの消極面に押さえ込まれているわけです。だから、本心は「どうもね」と思っているんだけれども、「それを名前入りで活字にされちゃ困る」と。「もしもそれで東電が怒って、あんなやつにはもううちの仕事はさせるなと言われたら困るから勘弁してくれ」と、こういう話になるわけで。それが聖域の消極面なんですね。そういう意味です。

開沼――なるほど。それはでも、無言の圧力は昔からずっとあることだと思うんですね。江戸時代の農村におけるいわゆる「村八分」という言葉のとおり、「この共同体の中では言っちゃだめだ」ということとしてあり、それが時代が変わっても形を変えて存在しているのではないでしょうか。

石田――ただ無言の圧力というものが、限られた共同体の中の無言の圧力か、それとも外からの圧力か、という違いがあるわけです。共同体内の圧力の場合には、自主的連帯をこわさないという自己規制がありますが、外からの圧力にはそれがない。具体的にいえば、共同体内の圧力の場合、「村八分」に際しても「二分」だけは残すという自己規制があるが、外からの圧力の場合には、こうした自己規制がない。

◆「自発性」と「依存症」の問題

開沼――なるほど。いろいろ、原発の反対運動をやっている人はもちろん、推進派の人にもきいた上での私の見解ですが、確かに、1990年代初頭までは、反原発運動によって政策がひっくり返されるんじゃないかという危機感があり、電力会社なども公安警察みたいな諜報活動をやって反対運動の動向を逐一把握していた。しかし90年代のなかば以降、特に2000年代に入ってからは、そういった緊張関係が現場になくなったという話をよくききます。

その背景には、外からの無言の圧力というよりは、住民側が無意識的に自主規制をしていくような形に変わらざるをえない状況があったのではないかと私は推測しています。たとえば、福島だと双葉町がそうですけれども、あそこは90年代初頭に「原発を2機増設してくれ」という要求をするわけです。その背景には、80年代後半から町の財政が悪化し、加えて90年代なかば以降の地方への交付金のカット等でさらに状況はひっ迫していくわけです。その中では「原発をもっと作って、その上で未来を考えよう」という価値観が支配するようになる。

もちろんこれは行政のレベルの話ですが、住民のレベルでもそれはある。たとえば私が特に覚えているのが新潟県中越沖地震の時のケースです。その際に、新潟の柏崎刈羽原発が止まり、また、原子炉のすぐそばで火災がおきたりもして、危険性も意識化されたわけですが、福島の原発立地地域の人にきいたら、「いやもう困っている」「新潟の原発をすぐ動かしてくれ」と話すわけです。どういうことかというと、柏崎刈羽原発が止まっていることによって、福島に大勢の原発労働者が来て、福島の中で仕事につきにくい人がどんどんあぶれている状況ができてしまう。だから柏崎刈羽原発を動かして欲しい、というわけですね。よくわからない原発の「科学的リスク」より直近の原発で食っていかなければならない「生活のリスク」のほうが問題だった。

ですから、先ほどの原発難民の話もそうですが、何か外からの圧力によってしゃべれなくなっているのではなく、むしろ自分の中で『原発を動かしたほうがいい』と言ったほうが、自分にとってもまわりの人にとってもいいことなんだ」と思っているわけです。

石田――それは、あなたが著書の中で「アディクション」と言っておられることですね。私は「依存症」と言わせていただきますが。つまり依存症には二種類あって、一つは財政的な問題で、自治体が財政難になるから新しい原発を作って欲しい、というものです。もう一つは、これは個人レベルの問題で、アルコール依存症と同じように「もう原発に依存してしまったのだから、もうそれなしでは生きていけない」というものです。「今さら東京まで出稼ぎに行くのはかなわない」「今ならば近所の原発で働けるから、これを続けてくれ」と。そういう意味で、原発への依存症には、個人レベルでの依存症と、自治体レベルでの依存症と、両方あると思います。

ただ、先ほど私の言ったことと少し矛盾するようですが、1990年代後半からの状況は、原発を新しく作るところについては、逆に非常にやりにくくなっています。それは、隣接する自治体の意見が対立し最後に北川知事が白紙撤回を決めた三重県の芦浜原発や30年近い反対運動の末に住民投票で原発反対を決めた新潟県の巻原発の場合がそうだといえます。

つまり1960年代のはじめからイケイケドンドンで原発を建設していた時代は、とにかく総合開発ということで、「早く開発をしないと乗り遅れてしまう」という競争がありました。しかし、どうも1990年代になると、「そうは言えないらしい」「困っているところもあるらしい」ということが次第にわかってきました。そして、90年代も後半になると、反対運動が強くなってきて、新しいものは作りにくくなってきた。そういう状況があると思うんですね。

ですから、90年代後半には両面性があり、先ほど私が指摘した、「自主性がつぶされた」という側面と、先ほどは指摘しませんでしたが、NPOその他の市民運動の昂揚という側面とがあると私は考えています。この市民運動の昂揚ということについては、1970年代後半から反公害運動等が延々と続いてきて、ようやく「ボランティア元年」ともよばれている1995年の阪神・淡路大震災以後の状況が一挙に吹き出たといえます。そうした運動の進展の側面もあわせて考えていかなければならないと思っています。

そうすると、原発立地を認めた点でも、依存症の面でも「福島というのは、先頭ランナーとしての問題をいつも背負わされてきた」というように特徴づけるとすれば、それはそれで意味があると思うんですけどね。どうでしょうか。

◆「物による統制」から「事による統制」へ

開沼――そうですね。福島は本当に先頭ランナーです。私の著書にも書きましたが、1990年代以降、福島の原発立地地域で何が変わったかというと、物への欲求から、事への欲求へ変わったと整理できるのではないかと思っています。それはどういうことかというと、役場をきれいにしてホールを作りたい、市民体育館が欲しいというようなハコモノを求めるようなそれまでの志向が、90年代後半になると、Jビレッジやなでしこリーグのサッカーチーム・TEPCOマリーゼなどの誘致が始まり変化してくる。

ハコモノとそれらを比較して何が言えるかというと、「ハコモノ」＝物は一回作ってしまえば財政的効果はそれで終わりです。他方、Jビレッジなどは、文化的・意識的効果が持続する。その地にハコモノがそろってしまった後で来たそれらは地元の誇りを強調するような「物語」＝事であるといえます。「物語」は「ハコモノ」による一時的な財政拡大と違って、持続するものです。

そうした、「ハコモノはもう十分そろってきたし、これからは地元から名物を出してそれを誇りとして地域作りをしていかなければならない」というような動きは、1980年代のリゾート開発の頃からあったわけで、竹下登首相（当時）が88年に行った「ふるさと創生一億円事業」などもその一つですが、JビレッジやTEPCOマリーゼなどが、ほかの事業と何が大きく違っているかというと、これらは原発と引き替えに地元に置かれたものなんですね。そしてそれらを誘致するのが東京電力であった。つまり、東電や原発というものが、間接的ではあるにせよ、地元の誇りを構築する際のより所になってしまったということです。

明確に意識することはなくても「自分たちはTEPCOのチームを持っているんだ」「自分たちはこのサッカー場を自分たちのコミュニティの核にして

いるんだ」という形で、結果的に原発をより強く「抱擁」する構造を強化してしまうような状況が90年代の半ば以降できてしまった。それが私の中ではご指摘にあったような何らかの形で外からなされる無言の圧力とは違うような、何か自主的に原発を自分たちの地域の核にしていってしまうものとしてとらえているんですね。

石田――それと関連があるかどうかしりませんが、結局原発を作らせなかった浪江町の場合と比較したらどうでしょうか。東北電力と東京電力とのやり方の問題だといってしまえば、それはものすごく簡単に片付いちゃうわけですけれども。それ以外に、やはり何かあるんですか。

開沼――一つは、浪江町はあの地域ではやはりいちばん大きく、ほかの産業があるということです。後は拙著をお読みいただいたら分析してある通りですけれども、社会運動の形が違っており、福島第二原発のほうでは運動がちりぢりになってしまったが、浪江、小高のほうは、そうはならなかったということがいえます。

もう一つは、順番的に、福島第一原発が最初にできてしまったので、浪江の住民は福島第一原発に通えるわけで、それ以上原発を作らなくてもいいという状況があり、話が終わってしまったのです。ですから、とりたててその運動が強かったとかっていうよりは、むしろ原発によって食っていく構造がうまく完成してしまったので、それ以上原発ができなかったという見方を私はしています。

石田――なるほどね。そうすると、たとえば飯舘村みたいなところは、これは自主的に自分たちでムラ作りをする方向を示し、「原発は関係ありません」という態度をとったわけですね。

開沼――まあそうですね、ただ、飯舘村もそうですし、私の出身地のいわき市もそうなんですけれども、原発を意識的に拒否してきたとかではなく、原発への通勤圏から外れた瞬間、原発の存在自体が意識から外れていたにすぎないとみています。だから、ほかのことを模索しようぐらいのイメージだったたっていうのが、たぶん3・11以前の意識かなというふうに思うんですけどね。

石田——それは、飯舘村のように近くにあってもそう？

開沼——いわき市も広野を挟んでそうですけれども、飯舘村もやはりある程度距離があって通勤が難しいんです。

石田——やはり、通勤には不便？

開沼——そうですね。知り合いが働いているとかっていうレベルで、意識が原発に近いか遠いかという心理的距離が決まるところもあるでしょう。

石田——だから、原発の受益者という意識はあまり生まれてこないわけですか。

開沼——あまりなかったですね、それは。逆に、浪江町の北に南相馬市があり、さらにその北に相馬市がありますけれども、相馬市などは国道一本で原発に来られてしまうので、それだけ自治体を挟んでいても、相馬市の場合は自分が原発とかかわりがあるっていうイメージを持っている人が多かったりするわけです。やはり地元には交通の事情を含めて複雑な状況がありますし、そこを見ずに4町は金もらっていたが飯舘は美しいみたいに単純化をする報道などもありますがある種のオリエンタリズムを抱えた極端な話です。

石田——そうすると、一挙に先のほうの話になってしまいますが、3・11以後に、どういう運動の可能性があるのか、開沼さんはどのように考えていらっしゃいますか。先ほども申し上げましたが、運動というのは何も華々しくデモをするとかそういうことではなく、個人の行動の選択という形で、どういう選択の可能性があるのか、ということです。そしてそれは、それぞれの地域でどういう違いを持って現れてくるものなのでしょうか。

開沼——それは非常に難しい問題で、答えが出せないということを前提に申し上げますが、先ほどお話しした「物の統制から事の統制へ」という視点でみていく意義はあると思っています。

やはり、ハコモノがもうそろってしまっている時代において、どうやって自分たちの地元に、自分の子どもや孫が残ってくれるか、あるいは自分たちの生活やアイデンティティが存在できるのか、という問題じゃないかと思います。

それは少なくとも3・11以前の福島について言えば、原発を生かして自分たちの町作りをしていくっていうことも、また一つの運動といえるものかもしれないですね。自分たちをどう元気にしていくか、生かしていくか、明日につなげていくかっていうことです。

そういうことについて、外から行った者が、「やはり原発ないほうがいいよ」って、安易には言えない。言ったところで「じゃあどうする」という問いしか残らないというところを深く考えたほうがいいと思います。たぶんこれまで、そのように安易に他人が無意識的にであったにせよ綺麗事、余計なおせっかいを言ってきてしまったことが、失敗を招いてきてしまったところもあります。そこをまず踏まえなければならないと。

石田——それは、3・11まではそうですけれども、3・11以後はどうなのですか。

◆3・11以後、「原発信仰」は変わったのか?

開沼——3・11以前の福島については、拙著の中で、「信心」という言葉を使って私は説明してきました。つまり、原発が安全であるかのように、みんな「信心」を持って過ごしてきたのです。しかし、今回の原発の事故が起こって信心が消えたかといえば、決してそんなことはありません。たとえば、こういうことを言った人がいるんです。今地元には大きく二つの議論があると。一つは、地元の農作物についての危険性をちゃんと検査してしっかり食べて、地元を復興していこうと。あるいは外の人にしっかりアピールして農作物を買ってもらうということに希望があるんだっていう人たちです。

もう一方は、そんなことをいっても異常な事態が起きていて、異常な数値が出ていて、自分たちは食べたくないし、ましてや人に食べさせることもできないと。で、この両者が会った時にどういう現象が起こるかというと、前者は希望とか復興という言葉を掲げているわけですね。だから、後者に対して、「おまえらは希望や復興に水を差すのか」と言って、どんどん議論が潰れていってしまうような状況ができているわけです。これは別に政治家だけではなくて、一般の人たちにとってもそうなんですね。

それで、結果として地元でどういう議論が流通しているかというと、腹の中で思うことは別にして、

苦しい状況の中で、自分たちで農作物を食べて、ここで頑張って生活をしていこうという話になっていると。

そのことから何が言えるかというと、3・11以前は地元の人に「原発、危なくないんですか」ときくと、「いや、外歩いていて交通事故にあう確率より低いからね」などという返答があったわけですけれども、今の状況も「いや、ちゃんと検査してるし、全然大丈夫だよ」「子どもたちもたぶん元気に育っていくと思うよ」と言うような状況が支配している

んですね。

　これは地元の人たちにとってはいろいろな経緯があって日常的な光景だけれども、外からみるとやはりすごい奇妙にみえることかと思います。東京のメディアも「福島が危ない」とか、「子どもを逃げさせろ」とさんざん喧伝している一方で、地元ではそういう信心が拡大しており、あたかも危険であるはずのものが安全であるかのような状況が、原発事故以前よりもより広がってすらいる。

　しかし、必ずしも「だからだめなんだ」とは言えない。つまり、ここで思い出されるのが、先ほどの3・11以前の時に思ったことです。そうした状況に対して外から何が言えるのかと。もしかしたら、ここで「危ない」とあおり立てることが実はすごい暴力的なことなのかもしれない。反対運動をやる人の中には、「子どもを逃げさせない親は人殺しだ」ぐらいのことを言う人もいるわけですけれども、じゃあ、そういうふうに言うことがはたして正義なのか。

　確かに、そこに住むことが危険なのは事実なのかもしれないけれども、しかし、たとえば親御さんを

介護しなくちゃならないから残っている人がいたり、あるいはお父さんの収入を考えれば、子どもと妻を逃げさせることはできないっていう判断をしてる人がいるという事実の中で、部外者が「今すぐ脱原発を実現しよう」と言い、「地元の人も一緒に闘おう」と言うことが、実はすごい余計なお節介ととられてしまうこともあるのではないか、新たな抑圧の生産に加担しているのではないかと、その迷いを失ってはならないと思います。

石田——あのね、開沼さんのご指摘については非常によくわかるんですよ。ただね、福島のお母さんが文科省に20人だか行きましたね。このことについてはどうとらえているんですか。

開沼——もちろん、ああいう行動をされた方は尊重されるべきです。しかし、声が大きい人がすべてではない。そうではない人がどういう状況にあるのか、意識的である必要があるということです。たとえば、私は先週福島県内の学校の先生を10人ぐらい取材したんですが、「学校の方針にクレームを言ってくるような親御さんが多いんじゃないですか」と私がきくと、「いや、そんな人は1人もいない」と返ってきた。

「みんな避難して子どもが減っているんじゃないですか」ときくと、全校生徒500人ぐらいのある中学校の場合実際に出ていったのは2人だけで、逆に外から入ってきた人が30人ぐらいいるという。

なぜ30人も入ってきたかというと、それは、一回県外へ行った人が、やはりもう仕事をしなければならない、子どもの受験があるっていって戻ってきたり、あるいは、いわき市などでは復旧作業等で新しい仕事ができて戻ってきた人たちが大勢いて、それがある種のバブルみたいな状況になっているということなんですね。

メディアで大きな声を出している人というのは、実は非常に少数派で、であるからこそ、もちろんそれは極めて重要な課題に違いありませんが、しかし、それだけが福島であるというふうには言えない。メディアはそうした声を取り上げやすいんでしょうけれど、事実はそうではない、ということを踏まえながら議論を立てないと本当に当事者のためになること、そこにある一見単純であるかのようにみえるが現実には極めて重層的なあり様を外の人間が考えていくというのは難しいのかなと思っています。

石田——なるほどね。水俣病に関していえば、95年の村山政権の時に水俣市の患者については補償に関して手打ちをしたわけですね。ところがその後、関西水俣病訴訟というのが起こりました。

つまり、水俣市の共同体には縛られないグループが新しく問題提起したということを考えると、逃げた人が問題を提起して、それが大きな問題になるという可能性は、逆にムラから解放されたから自由になれたという面もあるのではないですか。

開沼——そういう面はあると思います。外に出ていったからこそ言えることもあると思っています。ただ、外に出ていける人というのが、ある種の特殊な条件を持ち合わせているのではないか、ということも同時に踏まえる必要がある。たとえば、独身であったりとか、あるいは手に職があって仕事には困らないとか。

そして、そういう外に出ていった人たちの間からいろいろな動きが出始めているというのも事実ですが、しかしそれがどれだけムラの中に届くのか、あるいは届かせようと意識をしているのかというと、あまり意識されていないと思いますし、ムラを動かす、変えていくという点では困難な状況なのではないかと思っています。

◆コミュニティはもう一度再生できるのか

石田——先ほど私が問題提起した、「ムラが壊れたんじゃないか」、あるいは、「ムラが東電の下請け機関になったんじゃないか」という点についてですが、今、福島は地方選挙ですよね。それで、双葉町も現町長が立候補して、「地元に帰る」と言っています。逆に対立候補は「どこか別のところに町を再建しよう」と言っているわけですね。このあたりの話は、何かおききになっていますか。

開沼――双葉町だけでなく原発が立地する各自治体では今、線量の高いがれきの仮置き場や中間貯蔵施設の問題が大きい。

ただ、首長も多くの政治家もやはり単純に、中間貯蔵施設は受け入れられないと言っています。何の条件もなくたてまえで「ちゃんと帰れるようにして欲しい」と言いつつも、一方本音では、「帰れないということも考慮しなければならない」ということを腹の中に持っている部分もあるでしょう。

議論の核心がどこにあるかというと、自分たちのコミュニティがもう一度再生できるのかどうかということです。それこそ、『「フクシマ」論』で論じた、東京で議論されるような脱原発か否かとか危険か否かといったレベルとはまったく位相の異なる愛郷か否かというところで事が動いているわけです。

石田――いや、だけどね、そこでもさっき私が申し上げたことに関係するんだけど、地元に戻るということは、結局東電のもとに戻るということですよね。それは東電のもとに雇用があるからなんでしょ。そうするとね、もはや、愛郷というかどうかは別として、それはムラではなくてね、東電の下請けなんじゃないかと。それが私の疑問なんですよ。

開沼――なるほど。たとえば中間貯蔵施設を元の町のエリアに作り、まったく別なエリアに新たな町を確保しようという話もあります。でも、そこでやはり地元の人たちが議論の的とするのは、中間貯蔵施設を置いて、そこからいかに町の財政を立て直して、ほかの場所で町を再建できるのかという話だったりする。

つまり、戻るにせよ戻らないにせよ、どちらにせよ誰かに頼らなくてはならない、というところから話が始まっているという状況はあります。それはご指摘される東電の下請け化かもしれない。それがいいか悪いかは別にして。

ただ、同じ話の繰り返しになりますが、その前で立ち止まる必要がある。「いやいや、もうそういう東電なり国の原子力政策から逃げなよ」「もう、別な道を探しなよ」と言うことはできますが、じゃあどうやればいいのと問い返された時に、いかなる答えが用意できるのか。

石田――その場合に、飯舘などのように、原発とは別の自主発展はモデルにならないわけですか？

開沼――私は地元の人に近づきすぎているから偏見があるかもしれませんが、たとえば飯舘にしたって現地に行って話をきけば、もちろん評価の声もありますが「村長や役場はいろいろときれい事ばかり言うけれども、実際には具体的な展望を出してこなかったし、今までの施策も、もう少し地域振興に直結する経済的メリットがあるようなことをやればいいのに空回りばかりしていたのではないか」という声も少なからずあるわけです。

外からメディアを通して飯舘をみた場合、ある面ではすごく美化されて目に映る。絶望のフクシマと希望の飯舘と対比することで絶望を鮮明にしようとする意図すら感じる。理想化された飯舘と現実の飯舘とのギャップを私はすごく感じています。飯舘的なことを少なくとも普遍的に誰もが実現できるわけではないし、じゃあ、飯舘自体がうまくいっていたのかというと、必ずしもそうでもないんじゃないか。

それはたぶん私以上に地元の人がわかっていることです。「理想を目指しましょう」と口で言ったところで、「開沼君、言うは易しだよ」と言われてしまう現実がある。

結局、「ああいう解決策があるのではないか」「だめだ」「こういうのがあるんじゃないか」「だめだ」というふうに、解決の可能性が閉ざされていった先に原発があった。地元の人と話せば話すほど、その現実がわかるとともに、自分が浅はかな理想論しか想像できていなかったことに気づく。

◆福島における「幸福感」という構造

石田――そうすると問題は、安保の場合も同様ですが、既成事実の持っている重さと、その既成事実の積み重ねによる惰性というものが決定的に聖域を守っていると思うんですね。それで、既成事実の重さというのは、何よりもその既成事実を既得権としている人間が権力を持っているからなのであり、それは経産省の天下りのやり方をみても、学者の天下りのやり方をみても、中央の原子力ムラの強さというのは、これはゆるぎないものなんですよね。

あの野田佳彦首相がいい例ですが、その既成事実、すなわち消極的聖域というものを自分から壊すということは政局の安定にかかわる問題になるので、政治家は絶対にやらない。役人も絶対にやらない。学者も多くの人はやらない。それから、もちろんメディアも、恐る恐る、時にはちょこっと書いてみるけれども、基本的にはやらないと。

そうした場合、その事態はますます将来世代にとって悲劇的で絶望的なことになってしまうわけです。その点はどうお考えですか。つまり、将来世代の希望がどこからみえてくるのでしょうか。

開沼——状況を変えたほうが住民にとって幸せなのかどうか。「そうじゃないのかもしれない」という疑いが完全には晴れてはいません。

著書の中で私は、3・11以前の地元の状況をカッコ付きで「幸福感」というふうに書きましたが、先ほど、戦前と同じ構造、すなわちしだいに支配が極まっていき、結果的に破滅に向かうのではないかという話がありましたが、その点について戦前の状況と今の状況の何が違うかというと、やはり原発事故はどう破滅しようとも即時的な生死にはかかわらないところに大きな問題があるのではないか。

そして、現状では日本は、大きな戦争に巻き込まれることもない、飢餓に見舞われることもないという中で、現状を維持したいという力が非常に強い。その中で、3・11以前は「原発があることによって自分たちの幸福感が守られているのだ」という住民の意識をすごく感じましたし、たぶん3・11以後も、それを守ろうという構造が続いているのではないかと思っています。それが、私のいう「幸福感」です。

戦争中であれば、あるいは日本の経済成長の初期であれば、「もう腹が減るような生活には戻りたくない」という意識が、体制側にも反体制側にも働いていたのかもしれませんが、今の状況はそういう問題設定自体が成り立たなくなっている。

石田――今の状況の中である種の幸福感を持っているということは非常に重要な問題です。たとえば安保の場合でいえば、安保があったとしても日本が空襲されたりするという事態にはならないだろうと。これは事実です。

ただ実際には、基地や訓練場の提供でアフガニスタンにおける米軍の殺人に日本は加担しており、しかもその加担はますます増えるだろうという状況にあります。しかし、それは現地に行って直接殺していないので、殺人に加担しているという実感は日本人にはありません。

ただ、先ほど沖縄の話が出ましたが、沖縄では米兵による犯罪がますますひどくなっている状況があります。これは、ある意味では人類の進歩の結果だと私は思っています。つまり、ヴェトナム戦争の当時、あるいは日中戦争の当時、兵隊たちは「あいつらは人間じゃない」と思って敵を殺していたわけです。ところが、最近になって「自分が殺しているのは人間なんだ」ということが兵隊にもわかるようになった。そうするとPTSDがむちゃくちゃに増えてしまった。それで、そのPTSDを持った兵隊たちが、基地周辺をうろうろするようになった結果、犯罪もひどくなってしまった。沖縄の問題はそういう構造になっています。つまり安保の危うさは沖縄その他基地周辺の人以外には感じられない。多くの日本人にとっては今の日本は平和です。それと同じように原発の場合でも、原発労働者はむちゃくちゃな待遇を受けている。しかし、何も言うことができない。それは、被曝の実態が目にみえませんし、公害と違ってただちに健康上の問題として現れることもないからです。究極の破局というのは、実はみえないんですよね。だから多くの人にとっては原発の危うさは感じられない。その危うさがみえないところに破局の破局たるゆえんがあると、私は考えています。

極端にいえば、「私は年寄りだから、いくら放射能を浴びてももう全然関係ない」と言ってしまえばそれまでですが、しかし私がもしそう考えるとすれば、やはりそれは感覚が鈍っているからです。なぜなら私たちは、次の世代への責任ということも考えなければならないからです。

1986年のチェルノブイリ事故の時に私はベルリンにいましたが、その当時の西ドイツの人々と、今日の日本の人々と、感じ方がどう違うのだろうかということを考えます。そして私はやはり、今日の日本人の感受性がものすごく鈍くなっているのではないかと思っています。

3・11の翌日にドイツでは6万人規模のデモがありました。一方、日本では9月19日になって、やっと6万人のデモがあったという程度です。ですから、私の言い方でいえば、誰の命も尊重されなければならないという価値観、これを生存権意識といってもいいのですが、その感覚が鈍いということ自体が、私は今日における日本の危機的状況なのではないかと思っています。

それで、そうした問題を一体どこからどうやって変えるんだと。それは福島の原子力ムラの問題であるよりも、日本社会全体の問題だと私は考えています。

開沼――まず、生存への意識は、ウルリッヒ・ベックが『危険社会』で言っているとおり、かつてのリスクであれば、その場その時で顕在化してくるものであると。たとえば、火事であればすぐに焼死するとか、あるいは冬山で遭難したらすぐ凍死するなどというものです。

一方で現代のリスクというものは、効いてるのか効いていないのかわからない。自分が被害を受ける範囲に入っているのか入っていないのかわからない。そして、いつその目にみえる害が出るのかもわからないという、リスクが時間も空間も広がった形で出てくるものだといえます。それは、たとえば薬害やBSE、そして原発に象徴されます。戦争の時の生存への危機意識と違い、科学の発展が人間への脅威を結果的に薄めてしまっている部分があります。

こういう背景を考慮するにつけ、原発問題は「生存かどうか」という問題設定では語られないところがあると思いますし、一方でそういう科学的な生存の話と、生活ができるかどうかという経済的な生存の話というものが今、同時に動いている。

先ほども述べましたが、福島県にいる人の意識と外からみている人の意識とのギャップを、私はいろいろなところで強調しています。最もわかりやすい例として、福島県民は約200万人いますが、避難している人はこの中の6万人ぐらいなんです。パーセンテージにすると、3%に満たないという状況です。だから、「残りの97%はなんで逃げないんだ」と、外の人からみたらそう思うかもしれません。この97%の人はもちろん、科学的なリスク認識については新聞やテレビをみているのでわかっているはずですが、しかし、生活しなければならないという生活のリスクを優先し、福島に住むことを選んでいるのです。

◆「福島への加害意識」という問題

石田――そうそう。まさにその点が重要です。福島県の人たちには、それぞれの生活があるわけで、生活を維持するためには、たとえ将来の危険があっても97%の人は逃げ出していません。そしてそのことをもって、福島県の人を「鈍い」といって非難することはできません。

逆に、福島県民に対して、日本人の多数は加害者ですよね。その加害の意識がないということを私はむしろ問題にすべきではないか思っています。

別の言い方をすれば、本当に考えるなら、福島県の子どもはみんなで預かりましょうという運動があって当然だと思うんですよね。だけど、それがないということがむしろ問題なんです。また本来なら、20人のお母さんだけではなく、福島県のお母さんたちがみんなで、「どこか子どもを預かってください」という運動を起こしても当然なんだけれども、そういう意味では権利意識がないと言ってもいいかもしれないけれども、それはできないと。

そうなると、「しょうがないじゃない」という話になってしまうわけです。

これが、毎日殺されている戦争とは違うところです。そして「20年先にどうなるかわからないリスクだというのに、今子どもを手放してどうするんですか」「誰が面倒をみてくれるんですか」という話になるわけですね。

そうすると私は、福島県民の立場を考えるならば、これは全国の人が、とりわけ首都圏の人が福島県の子どもを引き取りましょうという運動を起こすことのほうが本筋なんじゃないかと思っています。

開沼——そうですね。それはもうおっしゃる通りで、今の運動って、先ほど申したかもしれないんですが、やはりもう、どうしても他人事の域を出ていないのではないかなと思っています。ですから、「ノーモア福島」「セーブ福島」「Ｔｈｉｎｋ福島」などと言いながら、しかしその多くは、福島をいかに助けるかという問題とまったく向きあっていないんですね。

それは、経産省や東電という中央で原発を推進してきた人たちが、福島をある種の実験場であり、植民地であるという他人事意識でやってきたことと通底します。脱原発の運動と推進する側が対極にあるようでいて、地方—中央というものさしを出してくれば、結局意識は同じ地平に乗っているのではないか。

本当にこの問題を解決したいと思うのであれば、もっと地元の人たちをいかにサポートするかということを考えなければならないのに、とりあえず経産省や東電、御用学者をたたく言葉しか出てきません。「あいつが敵だ」と指し示すか、「福島の人はかわいそうだ」と同情してみる。そしてそれ以上、何をやるのかという話が出てこない。「今まで彼らは利権を得ていたんだから、自業自得なんじゃないか」と言う人も中にはいると。まさに敵と悲劇です。

そうではなく、逃げられない人にどういうサポートができるのか。別に、自分のできることからでもいいと思う。募金活動をして経済的にサポートするでもいい。それをせずにただ騒ぐことが「よき運動」とされてしまっている部分が少なからずあるのではないか。なんでそこに議論がいかないのかな、と思っています。

3 運動への視座

◆希望はどこにあるのか

石田――これからは、運動体験者として、菊地原さんと村田さんのお二人にも議論に加わっていただきたいと思います。

それで、先ほども申し上げた市民運動の力というのは、確かに増えていると思います。それは、遡っていえば戦後、集団的な同調性で、戦後民主主義が運動を牽引していましたが、それは60年安保で一度崩れました。そして1960年代後半には、各党派がそれぞれに主張をして、体制的変革を叫んでいましたが、それもみんな潰れてしまいました。そして60年代、ベ平連が「一人ひとりの民主主義」を標榜し、むしろ組織を否定した民主主義運動を始めました。その後、それを弁証法的に発展させた、個別の争点について解決しようとする市民運動が、さまざまな反差別の運動を中心にして70年代に起こってきました。この中には、公害反対や反原発というのも入りますが、こうした運動を展開してきて、そしてそれが蓄積効果を持って、村山談話の頃である1995年前後に一つのピークを示しました。それはまさに、阪神・淡路大震災の市民的援助の活動で花開いたわけです。

そしてそれから、NPO法ができ、NPO法人が次第に活動を増やしてきました。それが今度の東日本大震災の際にも力を持ったということです。その力をどのように生かせるのかということで、お二人にも意見に加わっていただいて、どういうところに希望を求められるのかということを議論していきたいと思います。

村田――私は、3・11以降、あるメディアで東日本大震災に関する連載を担当しており、菊地原さんと一緒に被災地を支援しているNPO団体や個人を毎月取材してきました。あるいは、個人的にも微力ながら、被災地支援のボランティアに参加したりしてきました。

それで、先ほど開沼さんから、福島に対する脱原発の運動のお話をお伺いしましたが、それはどうも糾弾型の運動を念頭に置いていらっしゃるようで、それは私がこの間にかかわりを持ってきたさまざまな運動体とはイメージがかなり違うな、という印象を持ちました。

たとえば、私の地元の練馬では、いろいろな市民が集まって、夏休みの間、福島の子どもとお母さんを一時的にでも放射能の心配から離れて楽しんでもらうことを目的とした、「秩父サマーキャンプ福島こども保養プロジェクト」が企画されたり、あるいは、これは福島だけにかぎりませんが、阪神・淡路大震災の際に設立された「神戸定住外国人支援センター」が、東日本大震災支援事業「ひょうご生活応援プロジェクト」を立ち上げ、兵庫県内への移住を希望される被災者への支援事業を行ってきています。

こうした、「人と人」「コミュニティとコミュニティ」をつなぐような、草の根の運動が、3・11以後、日本の各地で割と多く立ち上がってきているのではないか、というのが私の率直な感想です。

菊地原――先ほど、開沼さんは「信心」と言われましたけど、3・11前の地域のそうした状況は非常によくわかる気がします。3・11以降も地域の人々の意識の根底には、それがあるように思います。たとえば、いわき市に佐藤かずよしという市議会議員がいますが、彼は40年ほど前の成田空港反対運動の中での知り合いです。それ以降まったく会っていませんが、彼は1988年から反原発、チェルノブイリの直後から、いわきで反原発をやってきているわけですね。今は市議会議員ですけれども、おそらく今に至るも非常に孤立してやってきているんだろうなと思うのです。あるいは大熊町の町長選挙に、「除染を進め、町に戻る」とする現職町長の対立候補として、「東電に責任を取らせ、町ぐるみの移住を検討」を主張して出馬した町議の人は学生時代、やはり成田空港反対運動に参加していたらしいのです。そうした人が出てきているということや佐藤かずよしの主張が多少なりとも、共感を得るようになっていることが、「信心」といわれた地域を二分するような状況にはなっていないとは思いますが、変わってきたことの象徴ではないかという気がします。その意味で、大熊町の町長選挙に出たその人がどのくらい票をとるのか注目しています（2011年11月20日に行われた選挙の結果、現職が3451票で再選。元町議は2343票だった）。

開沼——いわき市の佐藤かずよしさんの件でいうと、いわき市議会でただ一人、もっといえば福島県内でただ一人、震災以前からずっと反原発を主張している議員さんでした。そして、震災後、ほかの自治体でも反原発を声高に主張する議員もでてきました。「原発を持っていたらまた同じことが、いやもっとひどいことが起こる」「今すぐ原発をなくせ」と。震災前、そういった議論が議会に出ることはありえなかった。ただ、そういった動きに大きな支持が集まっているかというとまた違う。

◆なかなか糸口はみつからない

開沼——主張がそういった方向に焦点化していくと、やはり住民の方は、「仮にそうだとして、じゃああなたを支持したら原発をなくす以外に何のメリットがあるのですか」「ではあなたを支持してどんな未来がみえるのですか」と感じてしまうわけです。原発がとまってもセシウムも、いわゆる「風評被害」もなくなりません。補償だって別問題。それらのほうが彼らには切実です。

また、別な例になりますが、本当に地元に住みながら発言している「良識派」とされるような方々にちょっとおかしな現象があるんです。たとえばある方が講演すると、いろいろと原発の危険性は指摘するのですが、しかしその後で、「今の状況は、たとえば給食センターはトリプルチェックして検査しても放射能は検出されないので、もう安全なんです」という話を始める。そして「科学的にこれこれこういう理由で安全なんです」という話を講演の最後にするんですね。

私はこの現象を、「一周回って御用学者問題」ってよんでいるんですけれども、なんでそういうふうになったのかということが問題です。彼の話をきいて、いわゆる脱原発派の人たちは怒っちゃってどんどん席を立って出ていったりするんですね。

ただ私も地元で「脱原発派」ではない人と話をしながら講演をしたりしているんで彼の気持ちはよくわかるんです。もちろんリスクがあるという話はできるが、そのようなことはみながすでにわかっている話だし、「どうなんですか、安全なんですか、危険なんですか」と識者としての答えを求められた時に、それだけきいて帰っていただくよりは、安全だという材料もあることをわかって帰っていただいたほうが、そこで生きていかざるをえない人にとっては救われる。彼がそうするのがいいのかどうか、ということを意識的に判断したのかわかりませんが、地元の方といろいろな方法でコミュニケーションをしているうちに、いつの間にか御用学者と同じことを言うようになってしまったのだろうと思うんです。

このことが象徴しているのは、他人事意識を抜け出した先には、運動の主体となりそうな人もまた、今の状況の中でどういう言葉を使えばいいのか、どういう立場をとればいいのかわからなくなっており、ともすれば結果的に脱原発とは対極の側にいるような発言をしてしまう状況があるのです。

菊地原――それはどうしてなんでしょうか。

開沼――やはりこの問題が、戦争や貧困の問題と違って、誰もが未だ経験をしたことのない問題であるというところがまずはじめにあるでしょう。先ほどベックのリスク社会論の話をしましたが、仮に福島から逃げて生活をゼロからリセットするとして、しかし30年後に何もなかったらどうするんだ、誰が保障してくれるんだ、という話も当然ある。「危険だ」と言い切ることもまた「信心」であり、その「信心」を持ちきれない者は常に迷いと不安を持ち続けなければならなくなるリスクの不確実性というものが複雑さの問題の根底にあります。

先ほど石田さんが指摘されていました生存への意識というのも、それを持っていいのか持たないほうがいいのか、という逡巡があるのではないかと思います。そうした立ち位置が非常に取りにくい問題に直面していることが、運動を困難にしているところでもあるのではないかと思います。

石田――そうすると、「出口なし」ということになりますか。

開沼――私がわかる範囲では「出口なし」ですね。

一ついえるのは、やはり「運動とはこれだ」みたいなドグマを作ってはいけない、ということです。象徴的な例でいえば、ここまでも述べてきたとおり運動は、敵を作り悲劇を作りたがる。そして、善意や暖かみを持って動いているつもりでも、どこかで自分を批判する精神を失った瞬間、何か間違った方向に行ってしまうような状況というのがあるのではないかと思っています。

だから、「こういう立場が正しい」というものを作ってはいけない。常に自己批判の可能性を保ちながら運動を作り出すことが、今必要でしょう。そして原発問題は、たとえばかつての資本家対労働者というような二項対立を設定し「団結・連帯して全面展開で闘うべき問題」ではなく、個別的に取り組む中でみえない出口を探っていくような、多様性が担保される運動としてしか希望はないのではないでしょうか。

石田――多様性というのはたとえば、福島の子どもを預かるとか、そういう具体的な問題に取り組むという、そういう意味ですね。

開沼――そうです。ですから、具体的にじゃあ自分に何ができるのかということを考えることもなく抽象的なところで脱原発を議論しているために、それぞれの人が同床異夢になっているのが今の状況であり、そこからは解決策は見出せないのかもしれません。

石田――脱原発ということが、福島に対する差別を強めるような方向に働く可能性もあるわけですよね。私は「永遠の課題としての他者感覚」ということをいつも言っているのですが、この意味は、「一番困っている立場の人の考え方をたえず問題にしていかないと、結果的には差別することになってしまう」ということなのです。

このことを最初に言い出した丸山眞男の当時の状況から言うと、彼は肺結核のために国立中野療養所に入院したのですが、療養所で患者のことをみていて、「自分はまだ恵まれているほうで、本当に重症患者というのがどういう立場におかれているか、ということをたえず考えていなければならない」と気づくわけです。

それで、その逆にあって一番警戒しなければいけないのは、「自分は困っている人の立場を代表しているんだ」というのが怪しいと。すなわち、たとえば医者が「俺たちが患者のことを一番心配しているんだ」「だから俺の言うことをきけ」というのが一番怖いのだ、と丸山は言うわけです。

それと似たことがありうるわけで、つまり、「原発をなくせ」という大義名分は非常にわかりやすいが、それが実際に困っている人の目からみた問題とうまくかみあわないと、結局その人たちを差別するという事態になりかねません。「あの人たちはそれでも結局、原発で生きているんじゃない」という話になってしまうわけです。だから、そこの問題が一番難しく、どうしたらその「意図せざる差別」を克服できるかということは大きな課題です。

またもう一つの問題は、先ほども申し上げましたが、「沈黙の螺旋」というのが怖く、「しょうがないから静観していよう」となることが結局、今の既成事実の惰性を生かす結果を招くことになってしまいます。どうしたらその惰性を止められるかというのが一番の大きな課題だといえるでしょう。

開沼――先ほどから申し上げていますが、具体的には、理論的な解答は、まだ持ちあわせていないながら、方法論的な解答は明確で、拙著の中で「リアリティ」という言葉を使って説明していますが、このリアリティを意識的に捉え続けていく。その中で信心を壊していく。そういった運動が重要なのではないかと思っています。やはり外からみえるものと、立場を変えて内側からみたものというのは、まったく違ってみえます。そこに迫る中で既成事実を変えていく。

◆リアリティに根ざすところから始める

石田――いや、だからね、そのリアリティに根ざさないといけないとおっしゃったのは、それは研究者として当然だと思うんですよ。社会科学の研究者の問題としては、社会科学者の社会的責任などまだ論ずべきことも多いのですが、ここでは広い読者を考えて、市民としての視点から議論を進めたいと思います。

開沼さんが市民としての立場で考えた時に、そのリアリティの中にどういう可能性を見出すかということをおききしたいのです。市民としては、やはり先ほど申し上げたような、社会が危機的状況に動いていくことをどうしたら防げるか。あるいはどうしたら事態を少しでもよい方向に向かって動かすことができるのか。そういう課題を市民の立場から考えた時に、あなたのいうリアリティのなかにどういう可能性が見出せるのでしょうか。

研究者としては分析して示せばいいわけです。しかし市民としては、どう行動するかということが重要であり、行動する場合には現実からある種の可能性を読み解かなければなりません。ですから、研究者としての開沼さんではなく、むしろ市民としての開沼さんがそこをどのように考えておられるのかということです。

非常に難しい質問で、私自身も答えはないんですけれども。だけどあなたは、少なくとも私よりははるかに具体性のある現実をよく知っていらっしゃるはずです。そこから何か示唆を与えていただければというのが、この本の読者としての願いです。

開沼――そうですね。可能性とか希望というものを、私はずっと問われてきたのですが、ただ、それがみえてなかったからこういう事態になってしまったというところを描きたいと無意識的にせよ思ってきたんですね。

今の状況で答えは出せませんが、しかし何もみようともせずに「福島はこうだ」と言ってしまうメディアや研究者、あるいは市民をしばしば見受けるわけで、それは批判していかなければならないと思っています。

「メディアが言っていることは、単純にそのとおりではない」「現実とはギャップがある」ということは、私の本をみて思っていただければわかると思いますので、そこから「じゃあ自分で調べてみよう」とか「現地に行ってみよう」などとアクションを起こしてもらいたいと思っています。たぶん、個人でもやれることはいろいろとあるはずだと思うんですね。

そして、震災を通して多くの人が意識化したように、メディアや政府などの主張を単純に信頼するのではなく、自分のリアリティをもってそれらを相対化することから、希望を見出していくしかないと思っています。

石田――やはり、実際に現地に入らなければならないと思います。私が実際に現地に入ったのは、実は1996年の巻町が最後なんです。その後は、もう体力的に限界で現地に行くことはできませんでした。96年には巻町に入り桑原正史さん三恵さんなどにお会いしてようやく現地の姿がわかってきました。その中で重要な点をいくつかあげれば、一つは4分の1世紀ぐらいの長い運動の中で、原発賛成か反対かという単純な二元論ではなく、その中間の人への特別な配慮があったということです。たとえば、表向き反対の意思を外に出せない人に、折り鶴を折ってもらったり、ハンカチにメッセージを書いたりして意思を示す方法を工夫したことがあります。他方では必要な時には座り込みやハンストという非暴力直接行動をするという戦術も組み合わせています。要するに住民投票の結果は、そのような多様な活動がつみ重ねられた成果なので、住民投票という制度に頼れば解決するというわけではありません。そのほか巻町は今は新潟市の一部になっているように、都市への通勤圏内にあり、人材も多かったというような特殊な事情もあります。これらすべての具体的状況の中で運動の成果を考えるべきだと思いました。

◆「脱原発」よりも「生存権の確保」が優先課題

村田――私は被災地にずいぶん行っているんですけれども、現地に行ってわかることは、運動としての喫緊の課題というのは実は脱原発ではなく、被災者の生活をどうするか、ということなんですね。

たとえば家族を県外に避難させていて二重生活を強いられている人たちがどうやって一緒に暮らすのかとか、自宅が警戒区域にあって帰宅できない人の生活をどのように確保していくのか、あるいは、高齢者や障がい者のような震災弱者をどのようにサポートしていくのか、などの解決が急務なのです。

要するに、彼ら/彼女らが安心して暮らせように、生存権をどうやって担保するのかということが、加害者としての私たちの使命じゃないかと思うわけですね。それで、そう考えた場合にできることというのは、割と多いのではないかと思います。大仰に運動の方針を並べ立てるのではなく、介護士であれば高齢者や障がい者の支援を、保育士であれば子どもたちの支援を、自治体労働者であれば行政支援を、そうでなければ、炊き出しの手伝いやら、おばあちゃんの話し相手になることだって重要な支援の一つです。

つまり、被災地にはさまざまなニーズがあるわけで、そうしたニーズを汲み取り、生存権の基礎を確保していくと。それが重要ではないかと思っています。

また、フットワーク軽く現地に足を運び、支援を行っていくことが、開沼さんのおっしゃる「リアリティ」を持つことにつながっていくのではないでしょうか。

もちろん脱原発も非常に重要だし、これも現在進行形で進んでいる問題なのでなんとかしていく必要というのは当然あるんですが。

開沼——まさに、今の福島県議会議員選がその点で象徴的です。候補者はみんな脱原発を掲げている。社・共だけでなく民・自もです。その結果、脱原発は争点にならない。みんな脱原発だから、そこは問わない。

その背景には単純に、「脱原発しようがしまいが、被災者としての苦しい状況は、たぶん直近では大きな影響はない」という事実がある。脱原発をいうよりも、むしろ除染の問題や生活の確保、あるいは東電からの保障の問題のほうが、本当に現実的なシビアな課題であるし、政治家もそこを知っている。

じゃあ運動は何ができるかというと、たとえば除染をしてもらいたいと思っている人は大勢いますし、窓のサッシをちょっと掃除するだけでも線量は下がるといわれていますし、家の中も絨毯を張り替えるだけで元通りになるという話もあるわけで、たぶん、そういう誰でもできる日曜大工的なことでこの問題を変えられる可能性だってあるはずなんです。

福島の人たちにとって「原発をどうするか」という議論は、たぶんそういった身の回りの、すなわち生きていく上での問題が解決された後に出てくる話なんです。そこをすっとばして、天下国家を語り、脱原発に希望を見出しても話は上滑りするだけです。お上にどうしてもらいたいと叫ぶ前に、自分に何ができるかから考え始めなければならない。

そういった意味では、「私は何ができるのか」ということを考えた場合、私はとにかく現地に通い続けながら、地元の状況を伝え続けることだと思っています。

菊地原——私は三鷹・武蔵野地域で、野宿している人が生活保護が受けられるようにしたり、アパートに入る手助けをする活動をしています。アパートに入った後も、自立した生活ができるようにするための手助けや病気になったりする人もいるので、その支援なども行っています。今回の原発事故の影響を考えた時に、福島以外の地域でも高い線量の放射能が検出されたりする地域があるわけです。そこでは多くの人がさまざまな不安を抱えるわけで、それを少しでも減らす手助けをしていく必要があるように思うのです。そこで活動したからといって、放射能はなくなるわけではありません。けれども、地域地域で、お互いに助け合って、活動する中で、抱える不安の根源もはっきりしてくるし、闘うべき相手もみえてくると思います。

学生時代、運動というのは大きなスローガンを掲げて、そこに人を集めることで、力をつけ、世の中を変えることだと考えていました。しかし、今振り返ってみれば、それでは世の中を変えていく基盤となる人と人との関係を作ることはできません。そうすると、極めて具体的かつ個別のテーマに取り組んでいくところからしか始まらないと思うのです。実際、三郷市という埼玉県の中でも線量が高い地域で、学生時代の仲間が地域の若いお母さんたちと一緒に、線量を測ったり、自治体に対して除染などをきちんと行うように働きかける運動をしています。そうした活動に取り組むことで、地域の人たちとさまざまな関係ができてくるし、そうした動きの積み重ねがベースにならないと、原発をなくすこともできないと思います。

石田——もう一度、先ほどの問題に立ち返って質問しますが、開沼さんが1995年以後、自主的、自発的になったとおっしゃったのは、つまり、原発というものが既成事実になってしまい、その後は、雇用などの面で受益関係の源になった。つまり、生活の一部になってしまった。あるいは、その既成事実が内面化して自分でそれを肯定するようになったということですよね。簡単にいえば。

そうだとすれば、それに対抗する手段としては、原発に依存しないでも生きられる方法がないと、本当のムラの自主性というのは取り返せないと。そういうふうに考えていいわけですね。

開沼――そうです。それは間違いないです。

石田――だから、そこが一番難しいところなんです。それで、無責任に反原発や脱原発を言っている人は、原発に頼らないでも生きられる具体的な方策を示していないから説得力がないんだと。そういうふうに考えてよろしいですか。

開沼――そうです。そうした具体的な方策が示されなければ、地元は選挙を通して民主的に原発を選んでしまう。そういうことです。

石田――だんだんわかってきました。そのことは運動する側としてはどうしても考えに入れなければならない重要な問題です。

そうすると、当然NPOなどの外からの支援を行う場合、日常的な生存をどうしたら支えられるのかという視点から支援をしないといけないということですね。

◆若者をめぐる支配の状況から考える

開沼――先ほどの1995年のところをもう少し詳しく説明しますと、原発が生活の基盤になっていたというのは、別に95年に急に始まったわけではなく、むしろ建設が始まった1960年代前半からあったわけです。ただ、それが変わってきたところとして重要なのは、一つは地方分権政策が大きなターニングポイントであったと。

地方分権政策が最初に出た時には、地方がそれぞれの個性を生かして、自分の行政と近しい形で自治体を作っていくという話だったわけです。しかし、結果的にどうなったかというと、それは弱者切り捨て的なものに収斂してしまった。北海道の夕張などが象徴的ですが、弱い自治体はどんどんつぶれていってしまう状況になり、一方で原発という手段を得られた人は、ますます原発に依存していくような状況ができてしまったということなんですね。

さらに2つ目のポイントというのは、先ほども物から事へと述べましたが、日本が成熟社会を迎え、ポスト成長期に入ってくると、経済的な要因を利用して支配していく形態から、文化的な要因を使って支配していくというような形態に変わってきたという点です。それがどういう現象を招いたということを、一言で説明すると、「一見幸福そうにみえてしまう」という現象です。そして、当事者も「幸福である」という認識なんですね。

労働のケースを取り上げて説明しますと、私と同世代の社会学者古市憲寿さんが最近『絶望の国の幸福な若者たち』(講談社、2011年)という本を出したのですが、彼がその本の中で言っていることなんです。すなわち、彼は「若者たちは幸福である」というふうに言い切るんですね。

それは確かにそうで、若者に「幸せですか、どうですか」という統計をとると、7割方が幸せだと答える。一方でメディアは、「若者は不幸で苦しんでいる」などという湯浅誠さんとか雨宮処凛さんをとりあげながらそんな話をする。どっちが間違っているという話ではないですが、実際に私自身の肌感覚としても、2万円ぐらい出せば海外旅行に行けたり、別に車を買わなくてもカーシェアリングという方法もあるし、家賃なんかも一軒家を借りて友だち同士でシェアすれば都心でも3万円とか4万円くらいで住めたりするんで、敵や悲劇を作ろうとするメディアや運動のほうに違和感があるんですね。

もちろん嫌な思いをしている人もいるでしょうが事実として、派遣でも十数万円稼いで幸せに暮らせてしまう、という状況があるわけです。だからいいという話ではなく、彼が言いたいのは問題設定がズレてるよねという話だと思うし、それは今、非常に重要な点かと思ってます。

原発の話もたぶんそうで、かつてだったら「自分の地元を東京や仙台のような都会にしたい」「もう出稼ぎはいやだぞ」みたいなところで動いていたのが、「今の状態はそれなりに物もそろっていて幸せだし、たぶんこの状態が永遠に続けばいいいな」という形になってきてしまった。
つまり「彼らは幸せそうだからいい」のではなく、「幸せそうにみえてしまっている」ような状況の中で支配されているんです。それに本人たちも気づいていないし、たぶん周りの人たちもそれに気づかないほどに、支配が高度化してしまっている状況というのがあると思うんですね。それを考えないで原発についての問題設定はできません。原発の状況も若者の労働の状況も、まさにそういう中で再生産されているのではないかと思っています。

石田——いや、それはたいへんな大事な問題を言ってくださった。そこはもう少し議論をしたほうがいいと思います。

その前に地方分権の問題ですが、地域の住民の意思がより尊重されるのだということで、三位一体の改革とかいろいろやられたけれども、結局みんな自治体にしわ寄せがきてしまったと。これが一つの問題です。

それからもう一つは、さらに悪いことに、平成の大合併で自治体の数が半分近くに減らされてしまいました。そうすると、それまでの限界集落はいよいよ自治体の中心から遠くなってしまい、ますます切り捨てられることになってしまいました。そういう事態が一方であるわけです。

そうすると、古市さんの言う若者というのがどこまでの人を指しているのかわからないけれども、若者が幸福になり、限界集落の年寄りが犠牲になっているのか、それとも、古市さんの言う若者というのは特殊な若者であって、多くの若者はそうじゃないのか。

ただ一つ注目すべき例をいえば、新潟県中越沖地震の後で、地域復興のために若者を特別に訓練して集落に派遣して、そして再興の手助けをしたというケースがあります。この支援は時限的なものではありましたが、その若者たちがかなりの程度その地域に住み着いているという事態があるし、その他、いろいろなNPOの活動でも、農村地域に訓練した若者を派遣して、地域復興を図るという動きもあるわけで、そこのあたりを両面的にみる必要はあると思います。

もう一つ、地域主権の問題で気をつけるべきなのは、鳩山由紀夫が言った「新しい公共」という言い方です。つまり、これには積極面もありますが、しかしここでは、中央の責任が地域に押しつけられて、地域の責任が今度はＮＰＯに押しつけられるという構図になっている点に注目したいと思います。そうすると、本来、憲法25条の生存権というのは国が保障しなければならないのに、それが、次第にボランティアの問題にしわ寄せされてきているということで、この傾向はなんとか巻き返さなければなりません。

つまり、ボランティアが地域の権力に要求をし、地域の権力が中央の政治に要求をして、ちゃんとした生存権を保障させるという具合にならなければならないのに、問題が逆転してしまった。だから、そのところで若者はどういう位置にいるのかということを、もう一度古市さんにはきいてみたいんです。あなたのご意見はどうですか。

開沼――ポイントはたぶん、「この状況を変えなくてはならないという気持ちが浮かんでこない」ということだろうと思います。幸せで満足しているから。そういう状況であれば、そこからは運動は現れません。

無論どこかには、雨宮さんや湯浅さん的な人も出てくるわけですけれども、たぶんその裏側には、表に出てこない、今の状況を結果的に受容し肯定してしまう人が非常にたくさんいるのではないかと思っています。

石田――だから、さっきの将棋倒し論でいえばね、将棋倒しの中で人に寄りかかっているというのが、絶対的多数になってしまったということですよね。

開沼――そうです。そういう構造の中に、みんなが意図せざるうちに置かれてしまったと。そういう状況の中に今の社会はある、というのが私の認識です。

石田――そのような状況の中にある多くの人は、その状況の中に含まれた危うさに気づいていない。問題は、それからどうやったら抜け出せるかということだと思います。それは、湯浅さんや雨宮さんみたいな人にだけ任せておいていいんだろうかという問題です。

開沼――もちろん問題意識を持って行動に移す人はいるだろうし、少なくとも原発については、私は自分でできることについては取り組んでいきたいと思っています。

ただ、拙著の中では「宗教的な幸福感」という言い方をしたのですが、先ほどの信心という言葉もそうですが、宗教を信じている幸せな人に「あなたが信じていることは間違っていますよ」と言うことって、実はとんでもない余計なおせっかいになりうる。「善意」であろうと当事者には暴力かもしれない。私にとってはすごくはばかられるんです。そういうことも踏まえた上で、何を言えばいいのかということについては非常に悩むところです。

石田――だけれど、たとえばここに『マスコミは何を伝えないか――メディア社会の賢い生き方』(岩波書店、2010年)という、下村健一さんという方の書いた本があります。この本の中ではマスコミを読む側の能力に注目しています。つまりメディアリテラシー、すなわち受信力の問題があるわけです。先ほどあなたは、「信心」といいましたが、やはりメディアリテラシーの問題というのは、メディアを信じていることにあるのではないでしょうか。そうすると、その信じていることについて「本当にそうなんですか」と言うのは、いささかはばかられるというのはわかりますが、しかし、そこを解きほぐしていかないと問題は解決しないと思うんですよね。

ですから、3・11というのは、その一つのきっかけではあったと思うんです。今まで絶対安全だと言っていたのが絶対安全ではなかったと。いろいろ受け取り方はあるでしょうけれども、とにかく原発事故が起こったということは、まぎれもない事実であり、その結果いろいろな被害が出たということは、これはもう毎日の生活でわかるわけだから。

そうすると、「今まで信じていたことがどこまで本当だったんだろうか」と疑い、それについて考えるという、一つの学習過程があってしかるべきだと思うんですが。

開沼——そのとおりです。私も拙著の最後の一文を、「信心を捨て、リアリティに向きあえ」と書きましたが、まさにそういうことを思って書いたわけです。しかし、書いた後に地元を回ってみて、この安全神話は新しい形で再構築されているのではないかとも思いますし、運動をしている方にきいても、「とりあえず原発をなくしてしまえば問題は解決だ」ぐらいの別な形の信心に支えられた論調もかなり強くなってきていると。それはある面で宗教的熱狂であり、そのためどこかで思考が止まってしまい、今できることを見逃してしまっているような状況もある。

ですから、石田さんのおっしゃる通り3・11をきっかけに考えるべきなのですが、自分がほかの人よりも深く考えていると思っているその人こそが根底にあるものを変えるという点では十分に考えられない構造というのも一方ではあるように思っています。

拙著の最後でも書きましたが、2010年の沖縄の基地問題に関して鳩山政権があれだけ大嘘をつき、「これはもう民主主義の終わりだ」と世論やメディアは騒ぎ立てたのにもかかわらず、1年経ってればみんなケロッとして、誰もそのことがなかったかのように振舞っている。責任を取れとまでは言いませんが、しかし「あの話は一体どうなってしまったの？」と沖縄の人はたぶん思ったでしょう。熱狂は忘却と表裏の関係にあります。

「信心を捨てられない」「自らへの問い直しがきかない」構造をどうすればいいのか。「忘却の連鎖」というふうに拙著の中では言いましたが、そういったことがないように、できることからやっていくしかないな、と思っています。

石田——それから、先ほどの村田さんの言葉を借りれば、やはり今どう生きるかということが最大の問題であり、その問題が解決しないかぎりは人々は原発の問題を考えることもできないということです。そうだとすれば今、生きることを支えるという運動の中で、想像力の射程を伸ばしていき、それを子どもの世代のことにまで射程を伸ばしていくことで、原発の問題を考えられるようにするということ以外には、おそらく解決の方法はないでしょう。逆にそうしなければ、開沼さんのいう「忘却の連鎖」を生んでしまうことにもなりかねません。

◆「異質な他者との対話」という可能性

村田――一つ質問してもよろしいでしょうか。石田さんが先ほど、メディアリテラシーの話をされていましたが、若者が幸福感を持つというのは、実は若者のコミュニケーションが不在であるがゆえにそう信じ込まされている、ということはないのでしょうか。つまり、自分のコミュニティを持っていなかったり、コミュニケーションが不在であるとすれば、情報のインプットはすべてメディアを通してしかなされないわけですよね。

開沼――もうちょっとかみ砕いてご説明ください。

村田――若者が孤立化しているということが、彼らの「幸せ信仰」のベースあるのではないかということです。つまり若者は、孤立化しているために自分の状況を客観的に判断できず、自分は幸せだと思い込んでいるのではないでしょうか。逆に、コミュニティとかコミュニケーションとかをちゃんと持つことができれば、そういう信仰心というものは薄れてくるのではないかと思っているんです。

石田――つまり、簡単にいえば視野が限られているということですね。他者と断絶しているから、自分の中で思考がからまわりしてしまっているという。

村田――対話があればもう少し違うんじゃないかということです。

石田――特に異質者との対話がないから、自己満足に陥ってしまうのではないでしょうか。

開沼――なるほど。自分と同質な階層なり生活環境の人とばかりコミュニケーションを取るという傾向は、当然あります。インターネットを通してそのような傾向が助長されている部分もあるでしょう。ご指摘の通り、それを具体的にどう崩すのか、という問題は大きいですね。

石田――つまり、異質な他者との対話があると、その対話そのものの必要性というものが意識されるわけです。教育社会学専攻の清水睦美さんという東京理科大の教員がいるんですが、彼女たちは外国人の子どもが多い地域で、「Ｅｄベンチャー」というＮＰＯ団体を運営しています。そしてそれにも支えられながら、外国人の子どもたちが自分たちで立ち上げた「すたんどばいみー」という組織があり、ここでは話し合いと助け合いや学習支援や自分たちの言語や文化の学習などを行っています。

菊地原さんは、この「すたんどばいみー」の子どもたちと一緒に、陸前高田に支援に行ったということです。外国人の子どもたちは、もともと異質な他者の中に放り込まれて、異質な他者と対話をしなければならない状況に始終あるわけですね。そうすると、被災地にはじめて行っても、そこの子どもたちとも自然な形で対話が進むわけで、「また来てくれ」ということになり、それでずっと毎週末に陸前高田に支援に行っていたそうです。

菊地原――この間ようやく一区切りつきました。

石田――ですから、それは異質的な他者との対話が潜在的な能力を発展させた見事な例だと思います。私も彼らに会ってじっくり話したことがありますが、やはり自分たちで苦労しているので対話力は非常に強いです。それで、「すたんどばいみー」の多くの人たちは、将来は先生になりたいと言っています。

そうした状況をみていると、やはり異質な他者との対話を持つことがどのくらい大切なことなのかというのは非常に感じます。逆に古市さんの話をきいていると、どうもちょっと自己閉鎖的な感じがするわけです。

開沼――なるほど。いや、わかるんです。異質の他者との対話がどれほど重要なことかというのは。だから私も東京に出てきて、まずはいろいろなところで働きました。生活費・学費等はすべて自分でまかなってきたので20代の前半は働いている記憶しか残っていないくらいです。そして少ない経験ではありますが、その経験があったからこそ、この『「フクシマ」論』も書けたと思っております。

しかし、じゃあ私がしてきた経験を全員にとは言わずとも形式化すべきだとは思いません。たとえば自分自身のモデルはある意味で立身出世モデルというか、高度経済成長期モデルというのか、それこそ、ヌクヌクとしたコミュニティとしての地元から出ていって一旗揚げるっていうモデルだけども、たぶん、こういうモデルが作り出す不幸もあると思うんですね。

地元で普通に生活していれば平穏な人生だったかもしれない。異質な他者と会うことによって劣等感を無駄に感じてしまって、自分は負け組だって思いながら、生きていくみたいな物語もあるかもしれない。

で、これは先ほどのご指摘にもつながるかもしれないですけど、年長世代の方はけっこう、若者もっと頑張れよとか、外の世界をみろよとか簡単に言うんだけれども、なら、頑張ったら幸せになれるのかと、あるいはみんながみんな頑張らなければならないのかという問いは重要です。あなたたちの世代は少なくとも幸せにはみえないっていうところもあるのかもしれない。簡単に頑張ればいいんだっていうふうに前提におけない事情がある。原発と共通するところがあるかもしれません。他者と会うということは実はすごい苦しい思いをすることでもある。そこを決断することが、絶対善になってはいけない。もちろんそれがいい人もいるだろうけど、そうじゃない人もいて、そこをとらえていく必要はあります。ネガティブなことを言っているように思われるかもしれないですけど、欠かせない視点です。

たとえば、秋葉原通り魔事件の加藤は、やはり進学校に行ってしまって、そうであるがゆえに自分はどこかで「できる子」じゃなくちゃならないという自意識を持ってしまった。でも現実は田舎の進学校の落ちこぼれにすぎず、そういう自意識を持ちながらは地元にいられなくて外の世界に出て、でもどうしようもなくて、派遣労働者になって——、みたいな物語があると。それはある面で他者と出会わなければならない立場に置かれてしまった物語をベースにした悲劇です。

石田——いや、だから、それがまさに先ほどの最後の危機感の問題に関連するわけですが、どうして現代の状況が戦争中の状況と私は似ていると思うかというと、対話の可能性が非常に低くなったからだということなんです。つまり、軍隊とは、命令はその是非を論じ、理由を問うてはいけないところです。そうするとそのかぎりでは、軍隊で反抗すれば戦地へ送られてしまいますので、私は表向きは、ただただきっちりと命令に服従し、それで生き延びてきたわけです。そのかわりに思考する能力を失わされました。

そうすると、やはり対話をしないことによる思考の停止というのが、ものすごく怖いわけです。それで、対話というのは、もちろん必ず共通面と異質面とがあってはじめて意味を持つものです。ただ、ムラ的な状況では共通面だけの相互確認に終わるという場合が非常に多いといえます。それに対して敵対的な場合には、もう違いしか強調しません。

そうではなくて、対話というのは、共通面があって異質面があるという時にはじめて成立するわけです。それには平等の関係と、今の両面を相互に承認するということがなくてはならないわけですが、そのことによって対話による思考の展開が可能となります。

たとえば、対話が可能になることによって、メディアリテラシーもより高まっていくということになるわけです。その対話の欠如ということが、私にとっての軍隊体験と重なるわけで、別に「若者よ、しっかりしろ」と言うつもりはありませんが、今のままで行くと、対話のまったくない、つまり思考がまったく失われた社会になってしまうのではないかというのが怖いのです。世代間の対話を含め異質者との対話によって、それにどこで歯止めをかけるかという問題です。

開沼——その問題意識は本当に同感します。そういう「同質なコミュニケーションのムラ」を超えるような機会をいかに作るのか。私自身は、そういったムラ同士を超えて、またにかけながら、「あっちのムラはこうなってますよ」と双方に伝える作業を続けています。これは、アカデミズム・ジャーナリズムに課せられた、今後より重要になる使命だと思っています。

ただ、じゃあそれをほかの人々もみんながやるべきかというと、やはりさっきの加藤問題みたいなところ、つまり、じゃあムラを超えて対話することが絶対善でありえるのかという問題につきあたる。私は決して絶対善ではないと思う。自分はそういう特殊な興味を持ってそういう仕事をやりたいと思っているだけであって、一方には同質なコミュニケーションの中でぬくぬくと生活したいっていう人たちもいる。「お前、本当にそれでいいのか」ということを、暴力的な形じゃなく、分け入っていく方法はそう簡単にはみつからない。

原発の話に戻せば、研究をずっと続けながら、これを原発の立地地域の人にみせた時に、僕の話をした時に、どういうふうに彼らが思うだろうかっていうことを常に意識してきたんですね。その結果、中の人には「確かにそうだ」と、外の人からは「なるほど」と言われうるものにある程度はまとめることができた。しかしそれはあまりにも手間のかかる作業です。もし、対話を作りたいということなら、その手間をおしんではならない。しかし、現状ではその手間を「おしんだ」形での実践がなされて、その結果、問題がよけいややこしくなってすらいる。たとえば、先にも述べたように、原発は悪だっていう前提で現地に入っていくっていうことは、原発を無理矢理でも置くっていうのと同じぐらい植民地主義者的な暴力性をはらんだことでもあるわけです。

石田——それはわかる。だけどもね、つまり、対話が成立するためにはある種の条件が必要だと思うんですよ。いきなり異質的な要素をぶつけたら対話は成立しない。だから、相互理解が成立した後に、異質的な要素を徐々に出していくということが大切です。

もちろん時間がかかると思いますが、異質者との対話の場をできるだけ多く設定する。それは自分にとってもほかの人のためにも、それをやるということは非常に重要なことではないかと思っています。

開沼──その通りですね。

今、東大の学生の半分以上の出身校が中高一貫校なんです。一方で、私は田舎の普通の公立中学校です。いわき市は、伝統的に港や炭坑があって、あまり柄がいいところではないと言われていたりもしますが、それこそ中学生になってもかけ算があやしい友達もいれば、今働いている友達なんかも、10年間ずっと一つの会社で正社員でがんばっているのに月給は12万円にしかならないという状況があるわけです。こういう人間関係の中で、学問をやらせていただいている自分がいて、では自分に何ができるのかということを考えた時に、やはり地方と中央の問題を問うていくところに自分のオリジナリティや、今まで生きてきた経験を一番生かせる機会があるのではないかと思い、『「フクシマ」論』の問題を設定しました。

大学に行って感じるのは、やはり同質なコミュニケーションが広がっていて、どうしてもここが唯一の世界であると思ってしまう瞬間が出てくるんです。それは東大だけじゃない、都会の洗練された空間のさまざまな場に広く存在する。

いやでもそうじゃないんだよと。かけ算できない人がいるなんて世界は想像できないかもしれないけれども、でもやはりそういう世界がある。それこそ「原発であんな危険な被曝労働をして、ちょっと頑張ればほかのバイトだってあるだろう」というような議論も出るけれども、そんな簡単な話じゃないんだということには、その場に行き、そこの人と接してみないことにはわからない。勉強すれば、情報を集めれば、議論して対話すれば彼らのことを理解できるなんてことはまったくない。にもかかわらず、そうであるかのようによそ者たる中央の人間は考えてしまっている。そのおかしさ、すれ違いを明らかにしていくっていうことをしたかったんですね。自分の生きている世界が小さなムラだと思っていない人たちにそこがムラだと示しムラを開く。閉じているものを開放していく。これからはそれをいろんな分野でしていかなければならないのかなっていうふうには思うんですね。

石田――いや、本当にありがとうございました。最後に何か言い残したことがあればおっしゃってください。

開沼――私が、今日のような話、つまり、社会を変えることに対して悲観的・批判的な見方をすると、しばしば現状を是認しているんじゃないかと言われますが、そうではなくて、現状がそう簡単に変わるとは思っていないだけです。世代論で言ってしまえば、上の世代の方がやってきたことに対しての違和感は強い。

ずっと「変革するぞ、変革するぞ」と言い続けて、55年体制があれだけの期間続いてきた。今も変えるべきことが変わっていない。だから現下の状況になっている。「変革するぞ」と言っていても変わらないものがあって、それを変えるには別なアプローチが求められている。「もうそろそろ気づきましょうよ」という思いが根本にあります。

石田――いわき市の郵便番号は何番ですか?

開沼――973です。

石田――要するに、原発があるのは3桁の9から始まっている郵便番号が多いというのは長谷川公一さんが『脱原子力社会へ――電力をグリーン化する』（岩波新書、2010年）で書いておられます。

菊地原――女川のある宮城も9ですね。

石田――要するに原発立地の多数（約65%）が9だと。で、あの郵便番号というのは、皇居が一番はじめで、それでだんだん周辺に行くに従い番号が増えていくわけです。

だから、ことほど左様に中央と周辺という区分というのがずっと、日本の支配を支えてきたわけですね。このように中央が周辺を犠牲にしながら急速な発展を強行するというやり方そのものが今日の困難

な問題を起こしているわけです。その犠牲となっているのが福島であり沖縄だと思います。

ただ、ここに示された問題の根は深く、これまでの発展の形を根本から変えていかなければならない難しいものだと思います。しかも、その解決のためには具体的な状況の中で忍耐強く、持続的な努力を重ねていくほかはないと考えます。

福島の具体的な状況について開沼さんのお話は非常によくわかりました。この問題は簡単に模範答案が出る問題ではありませんし、一人ひとりが異質者との対話の中で考えて行動する以外にないと思います。そういう意味で読者との対話ということも含めて、対話を進めていき、考えを煮詰めていく以外に方法はないという感じがいたしました。

今日は本当にどうもありがとうございました。

あとがき

この本は「コラム」と本文という二つの部分から成る。「コラム」は私の個人的体験の中でぜひ記録に残しておくべきだと考えた事実について、その歴史的意味づけを含めて、私自身が書いた部分である。これに対して本文は、私が話した内容を、フリー・ライターの菊地原博さんが文章化し、唯学書房の村田浩司さんが編集した部分である。もっと正確にいえば、ともに運動体験を持つ50代の菊地原さん、40代の村田さんとの対話の成果を、3人の共同作業としてまとめたものである。

この両方の部分に共通しているのは、88歳を超えた私が、60年以上にわたって日本の思想や政治を研究してきた社会科学者としての社会的責任を果たさなければという義務感である。その義務感の基礎にあるのは、すべての人間の生命を尊重することを社会科学の価値的前提として意識化することである。そして、この義務感を支える具体的要因には二つの面がある。その一つは軍隊体験を持つ世代で生き残っている者が少なくなり、今日の世代にとっては戦争が時間的にも空間的にも遠く離れたものになったことに伴う危機感である。

もう一つは安保と原発という深刻な問題が十分に検討されることなく、既成事実が惰性によって蓄積されてきた結果、多くの生命が脅威にさらされる可能性が意識されていないという危機感である。すなわち、アフガニスタン・イラク戦争への加担、3月11日の原発事故という重大な経験にもかかわらず、生命への脅威は遠くで起こり、あるいは将来の問題であって、直接みえないため、多くの人の関心をひくことがない。いや、正確にいえば、危機的状況が沖縄や福島という周辺化された地域に集中的に現れているため、中央や多数派は十分に注意を払わないことこそが問題なのだ。

さらにこの問題の究明を進めると、このような危機を生み出す構造は、西欧に追いつけ追い越せと国家中枢の指導下に周辺の犠牲によって強行された外発的発展に由来するものといえる。こう考えてくると、今日の危機は第二次世界大戦の敗北に至ったのと同じ道をたどっているともいえる。その意味で今日の安保と原発の問題は、日本が今後持続的発展を可能にするための構造的な組み替えを探る上で鍵となるものである。

安保と原発という両方とも人間の生命にかかわる問題を、「聖域」として厳しい討論の対象にしなかったのは、主として世論を動かすメディアの責任である。しかし、そのようなメディアの役割を含めて、今日の危機的状況を十分に分析してこなかった社会科学者の責任は極めて重い。このような責任を感じながら、体力的に自分で調査と執筆をすることができない中で、考えついたのがより若い世代の人たちとの対話と協力で、私なりの分析をし、その結果を活字にすることであった。

実はこの本でみられた菊地原さん村田さんとの協力体制はすでに3年前から続いている。2008年春の「派遣村」の事態に刺激され、主として生存権の危機を関心の中心において『誰もが人間らしく生きられる世界をめざして――組織と言葉を人間の手にとりもどそう』を2010年に唯学書房から公刊した（以下これを前著とよぶ）。この前著を公刊した後、これを素材に討論を重ねていく中で、生存権という憲法でいえば25条の問題だけではなく、9条の問題、あるいはその両方の基礎にある憲法前文の「平和的生存権」の問題を取り上げることが必要だと感じるようになった。これは先に述べた戦争が時間的空間的に遠くのものとなったという状況認識と関連している。

もともと私が研究者になったのは、自分がなぜ戦争中軍国青年として戦争を支持するようになったかを反省するためだった。そのために歴史をさかのぼって日本の思想史の研究をし、やがて近現代の政治を分析するようになった。しかし軍事に関する組織や技術に関しては、どちらかというと避けて通る傾向があった。それは「戦記ブーム」のように戦争を礼賛する風潮があったり、プラモデルのオタクがそのまま大人になったような戦争技術論にみられる傾向に反発したからである。

しかし、軍隊体験や実際の戦闘体験を持った人たちが少なくなるに従って、直接殺し殺される現場を考えることなく、戦略・戦術が論じられることの危うさを強く感じるようになった。そこで安保という武力による抑止の問題、あるいはその軍事同盟の下での軍事協力強化という問題を実際の戦闘の現場の視点を大切にして、きっちりと分析しておく必要があると考えるようになった。

このようにして安保の分析を始め、ようやくまとめの段階に入ったところで3月11日の原発事故の報道に接した。そこで、なぜこの事故を事前に防ぐことができなかったかということに関して、再び社会科学者としての責任を強く意識させられた私は、安保と同時に原発も分析対象として扱うことにした。

すでに本文で明らかにしたように、この二つの対象は、ともに生命を脅かすものであるだけでなく、多くの共通性を持っていることが、この新しい仕事の促進要因となった。ただ現地に入って調査できないことは致命的であった。ちょうどその時、3・11の直前に修士論文を完成し、事故後に公刊された開沼博『「フクシマ」論――原子力ムラはなぜ生まれたのか』(青土社、2011年)に接した。著者開沼さんに4時間ほど時間を割いていただいて対談の機会を持った。その内容は本書の最後に収められている。多忙の中対談に応じていただいたことに心から感謝したい。

その後『世界』の別冊『破局の後を生きる』など被災の記録も出始めているので、現地に入った多くのボランティアの記録とともに多面的な観察資料を参照することができるようになった。直接の対話に加えて、活字やネットを通じた間接的な対話によって、今後安保・原発問題が、沖縄や福島の人たちの関心であるだけでなく、広く討論の対象となることを願っている。

振り返ってみると、この本で示された私の考え方は、いくつもの定期的および臨時の対話の機会によって育まれてきた。前著の場合と同じく、10年以上続いている自宅での読書会、約7年続いている「根津・千駄木地域憲法学習会」および「西片町教会・九条の会」が定期的な対話の機会である。

それに加えて、今回の本については、臨時の対話の機会として四つのものが重要である。時間的に一番早いのは、2010年7月10日に東大駒場キャンパスで行われた「60年安保を問いなおす」という主題の研究集会であった。これは60年安保から半世紀にあたり、大井赤亥さんたち大学院生が組織されたもので、その一部は9月5日のETV特集「60年安保――市民たちの一ヵ月」の中で放映された。私たちの世代にとっては忘れられない政治的昂揚期であった60年安保改定阻止のための運動について、若い世代の人たちと一緒に考えるよい機会だった。この企画の原動力となった大井さんに心から感謝したい。

その後の対話の機会は、10年8月23日にされた個人的対話で、長い間『中帰連』の編集長をしてこられた熊谷伸一郎さんにお願いして実現したものだった。戦争体験世代と若者世代の間の対話に長い間力を尽くしてこられた経験をおききするのが主になってしまった結果、現在かかわっておられる多様な市民運動について話していただく時間がなくなってしまったのが残念だった。現在『世界』編集部で忙しく活躍しておられることを考えると、育児休暇の間に時間を割いていただいたことに特別の謝意を表したい。

次の一つは11年6月4日に催された「60年の会有志」との対話だった。「60年の会」は1960年に東大法学部政治学科に学んだ人たちが、丸山眞男先生をかこむ会を続け、貴重な記録を残していることは、その一部が『丸山眞男集』にも収められていることでも知られている。その有志の方たちが私と話がしたいということで、機会を設けていただいた。長く市民運動を続けている人だけでなく、司法界、実業界、官界で重要な地位を占めてきた人たちで、丸山先生の教えに従ってタコツボに入らないようにしてきた人たちの集まりだったので、専門領域を超えた対話の意味を再確認させられた。この会を準備してくださった高木博義さんに厚くお礼を申したい。当日時間の不足で、意を尽くせなかった点については、この本で補っていただければ幸いである。

もう一つこれとまったく異なった性質の対話の機会が8月19日にあった。それは外国人の子どもたちの集団である「すたんどばいみー」とその支援をしているNPO法人「Edベンチャー」の人たちとの対話だった。「すたんどばいみー」については、清水睦美・「すたんどばいみー」編著『いちょう団地発！外国人の子どもたちの挑戦』（岩波書店、2009年）に詳しく紹介されている。いろいろな外国からきた子どもたちが自分は何者であるかを問い、日本人多数の偏見を克服できる言葉を探す努力には、かねてから注目していたが、東日本大震災後被災地に入り、その特異な体験を生かした支援活動を行った。このグループによばれて話をしたが、私のほうが教えられることが多く、どれだけ役に立てたか自信が持てない。やはりこの本で補っていただきたい。

これら定期的な、あるいは臨時の対話の機会を準備するために骨折ってくださった方たちにあらためてお礼を申したい。最後に何よりもこの本を作るために不可欠な協力者としての菊地原さん村田さんのお二人、および60年以上にわたる人生の協力者である妻玲子に心からの感謝の意を表したい。

（2011年12月11日）

著者――石田雄（いしだ・たけし）

1923年青森市生まれ。東京大学名誉教授。

「学徒出陣」から復員後、丸山眞男ゼミに参加し、1949年東京大学法学部卒業。同学部助手を経て、1953年東京大学社会科学研究所助教授、1967年同教授。1984年定年退職後、千葉大学教授、八千代国際大学教授を歴任。

その間、ハーバード大学、エル・コレヒオ・デ・メヒコ（メキシコ）、オックスフォード大学、アリゾナ大学、ダル・エス・サラーム大学（タンザニア）、ベルリン自由大学などで研究・教育にあたる。

軍国青年に育てられた過程を反省するため、明治期以後の政治思想史研究をはじめ、さらに政治過程そのものの研究に及ぶ。また、外国での教育の経験も生かして日本の政治の特徴と社会科学そのものの反省にまで至る。

【著書】『丸山眞男との対話』（みすず書房、2005年）、『一身にして二生、一人にして両身――ある政治研究者の戦前と戦後』（岩波書店、2006年）、『日本の政治と言葉（上）（下）』（東京大学出版会、1989年）、『日本の社会科学』（東京大学出版会、1984年）、『近代日本の政治文化と言語象徴』（東京大学出版会、1983年）、『現代政治の組織と象徴――戦後史への政治学的接近』（みすず書房、1978年）、『日本の政治文化――同調と競争』（東京大学出版会、1970年）、『破局と平和1941～1952』（東京大学出版会、1968年）、『平和の政治学』（岩波新書、1968年）、『現代組織論――その政治的考察』（岩波書店、1961年）、『明治政治思想史研究』（未來社、1954年）、『誰もが人間らしく生きられる世界をめざして――組織と言葉を人間の手にとりもどそう』（唯学書房、2010年）など多数。

執筆協力――菊地原博（きくちはら・ひろし）

1953年神奈川県生まれ。早稲田大学第一文学部中退。ライター。

1972年大学入学後より、ベトナム反戦運動、自治会再建運動、三里塚闘争などにかかわる。2001年より、石田雄・玲子夫妻を囲む読書会に加わり、現在地域で、野宿者支援などの活動に参加している。

安保と原発——命を脅かす二つの聖域を問う

二〇一二年三月一一日　第一版第一刷発行

著者——石田雄
発行——有限会社　唯学書房
東京都千代田区三崎町2-6-9　三栄ビル502　〒101-0061
TEL　03-3237-7073　FAX　03-5215-1953
E-mail hi-asyl@atlas.plala.or.jp　URL http://business2.plala.or.jp/asyl/yuigaku/
発売——有限会社　アジール・プロダクション
デザイン——米谷豪
印刷・製本——中央精版印刷株式会社

ISBN978-4-902225-69-3 C1031
定価はカバーに表示してあります。
乱丁・落丁本はお取り替えいたします。